王学富讲心理学

直面者说

心理咨询室里的秘密

THUS SPOKE
THE ZHI-MIAN
HEALER

生命的意态是绽放
症状的本质是封闭
直面的治疗就是
让人走出封闭，走向绽放

王学富 —— 著

江苏凤凰教育出版社
Phoenix Education Publishing, Ltd

图书在版编目(CIP)数据

直面者说 / 王学富著. —南京 ：江苏凤凰教育出版社，2018.7(2019.12 重印)

ISBN 978－7－5499－7446－7

Ⅰ. ①直… Ⅱ. ①王… Ⅲ. ①心理学—通俗读物 Ⅳ. ①B84－49

中国版本图书馆 CIP 数据核字(2018)第 136314 号

书　　名	直面者说
著　　者	王学富
责任编辑	陈爱芳
装帧设计	李广珐
出版发行	江苏凤凰教育出版社(南京市湖南路 1 号 A 楼　邮编 210009)
苏教网址	http:∥www.1088.com.cn
照　　排	南京凯建图文制作有限公司
印　　刷	江苏凤凰新华印务集团有限公司(电话:025－68037410)
厂　　址	江苏省南京市新港经济技术开发区尧新大道 399 号(邮编 210038)
开　　本	787mm×1092mm　1/16
印　　张	19.25
版　　次	2018 年 7 月第 1 版 2019 年 12 月第 2 次印刷
书　　号	ISBN 978－7－5499－7446－7
定　　价	78.00 元
网店地址	http:∥jsfhjycbs.tmall.com
公 众 号	江苏凤凰教育出版社(微信号:jsfhjycbs)
邮购电话	025－85406265,025－85400774,短信 02585420909
盗版举报	025－83658579

小鸟为什么要唱歌?
因为它有一支歌。

——艾瑞克·克雷格(Erik Craig)

自 序

这本书里的文字，呈现的是心理咨询室里的秘密。读到了它，就读到了直面心理学；读懂了它，就读懂了直面心理学。

我做心理咨询至今二十年，前前后后有不少的同事，他们都有一个相同的惊叹：一个小时前，一个人走进面谈室，一个小时后，他从咨询室里走了出来——却变了，好像是另一个人。在我同事们的眼中，咨询室是一个好神奇的地方。因为没有看到咨询的过程，就只能把它看作一场魔术："易人术"，至少也是"变脸术"。

那么，在咨询室里到底发生了什么？人们都想知道。欧文·亚隆（Ervin Yalom）的学生甚至想变成一只苍蝇，飞进他的咨询室，趴在咨询室的墙壁上看里面发生的一切。我的学生也是。但是当我把在咨询室里做的面谈搬到培训现场来做展示时，发生了有趣的事：有人认真听、观察、体会，想找到个中三昧；也有人听着听着就睡着了——手里拿的笔记本（以为有秘诀可记）掉在地上，发出"啪"的一声，把自己惊醒了，觉得颇不好意思，捡起来，又听了一会儿，又睡着了，又掉下去了，干脆不再捡了，知道后面还会睡的。我想：耶稣当年讲道，会不会也有人打盹呢？想来是有的。人群中总有这样一些人，他们不是来听道的，而是来看神迹的。现实中本来有许多神迹，只不过不是照着人们想象的样子发生，他们就看不懂了，也看不见了。说起来，本书里也有许多"神迹奇事"——能不能看到，那就要看你有没有这双眼睛。

这本书绝不是灌输正能量的鸡汤文，也不是犀利如匕首的杂文，而是从咨询经验中提炼出来的花朵，可以称之为并蒂莲：一蒂是智慧，一蒂是情感。这是我无意中写出来的一本书（有心去写可能还写不出来），是从我内心里自动涌现出来的文字！我做面谈，时有感发，便用毛笔写出来，发在微信朋友圈里。人们读了，就很喜欢，连连点赞，并期待我把它们辑录出版。于是我开始辑录，并在每条后面加上南樵阐释。本来想把它们分类编辑，便于人们按兴趣选择阅读，后来却没有分类，其好处在于：读这本书就像一场随意的旅行，随时都可以开始，随处都可以结束，一景一物，皆是风景，一花一草，皆可驻足。

编书过程中，直面心理研究所的许多人都有所参与。如实习生张昊天；直面学子王菁原、李梦琪、施懿珂，他们把毛笔字稿转录成电子文档；直面驻修生们——特别是韩洋和朱一迅——做了校对；我的同事们，如张侠、陈跃，从一开头就尽力支持，还有成姣姣，后来者多用力；我的弟弟王学成、我的朋友郑世彦、我的弟子张国宪，皆读了书稿，提了建议；我妻孙闻更是常常耳提面命，不许我怠惰；我的两位师兄章俊弟、蔡玉洗鼓励我把这些毛笔写出来的文字整理出版，甚至最好有书法版。此外还有更多我这里不一一列举的人，都让我心存感谢——包括我在微信上发了片断文字，不断为之点赞的朋友。最要感谢的人，是江苏教育出版社的编辑张平兄，他对我的信任与欣赏让我感到力上加力，如鹰展翅上腾。

我所相信的是，我之所写，我的来访者一定能读懂，因为他们与我最能感通。有经验的咨询师自能从中体会出心理咨询的精微之妙。正在经历人生挑战与自我探索的年轻人读到这本书，会得益、得力于无意之间。正在养育孩子的父母更要用心读这本书——孩子的人生是福是祸，就在于父母懂养育与不懂养育之别。本书之精要，便是养育与成长之道。

在写这本书的过程中，我就已经知道，这将是一本颇有品质的书。我一边写作，一边时而把自己想象成一个读者，读了这本书之后，我的内心产生了一种欣慰与骄傲：不管怎样，我是一个读过《直面者说》的人！写完这本书的最后一个字时，已是深夜，我长舒一口气：十年成一册，无愧赠相知！

王学富

南京直面心理咨询研究所

我終於知道我為什麼選擇從事心理咨詢，因為我能看見一個人身上他自己看不見的阻礙，也能看見他身上他自己看不見的稟賦。

——王學富

我看見霧在散去，
而你，正清晰而美麗
地走來。

——席慕蓉

1. 我看见雾在散去，而你正清晰而美丽地走来。

南樵：直面医者在自己的工作中，时时看到的一个意象。

2. 我也终于知道我为什么选择从事心理咨询：因为我能看见一个人身上他自己看不见的阻碍，也能看见他身上他自己看不见的资源。

南樵：直面医者常问来访者：你身上最深的阻碍是什么？你生命里最好的资源是什么？

3. 一个伟大的心理咨询师永远都是一个学生。他工作的奥秘便是心甘情愿地做来访者的学生。

南樵：这便是生活中一般人不能做也不肯做咨询师的原因，因为人性的常态是好为人师。

4. 别人问我："咨询师的工作是什么？"

我回答说："等待。即使知道真相，也得等待。"从这一个角度来说，咨询师最理解上帝的处境：他知道人类的真相，却只能选择等待。

南樵：在等待中，改变的契机到来了。

5. 人其实是一场情感。

人出了问题其实是情感出了问题。

南樵：直面医者回望人生，眼前涌现的全是情感，以及情感所受的伤。人类历史如此，症状何尝不是如此。

6. 我看见一个母亲带着她的儿女四处寻求疗愈，十年不辍。

我听见我怜恤的心向她说话：“你带的不是两个孩子，而是两只受了伤、惊魂未定的小鸟。”

然后我看见她的心滴下血与泪。

南樵：症状呈现的永远是这样一个背景：因为受伤，所以害怕。

7. 结缘、寄情、立业，是直面取向的心理咨询要考察的三个方面。

结缘是从小到大与他人交往的经验；寄情是自幼与父母的依恋关系，以及后来的恋爱、婚姻、性；立业是合作能力与职业发展。

它们分别给人带来乐趣的满足、情感的满足、价值的满足。如果在这三个方面获得了充分的满足，就带来了人生的蓬勃；如果在这三个方面受挫，就会导致症状的发生。

南樵：了解生命，在此三端！

8. 面谈室里最扎心的一幕：脸上全是笑，眼中带着泪。

南樵：从头到尾脸上都是笑，不知不觉眼中沁出泪。直面医者心里悲伤：如果你高兴，为什么会流泪？如果你悲伤，为什么要微笑？

9. 当一个长期幽闭的心灵终于发生了觉察，那时刻就如同“忽如一夜春风来，千树万树梨花开”。这时，直面医者的心也醉了。

南樵：直面医者的欣慰，就来自他遭逢这样的时刻！

10. 咨询师的信念是：永远是可能的。咨询师的工作是：永远在等待。咨询师的满足是：看见铁树开花。

南樵：如果你不相信改变是可能的，如果你的工作只是用方法和药物去应付，你就不能看到铁树开花，也不能获得真正的满足。

11. 什么叫幸福？
享受你本来就有的。
什么叫痛苦？
失掉了你本来就有的。
什么叫症状？
拥有的时候你无所谓，失掉的时候你装无所谓。
享受生活中光亮的时候，
接受生活中普通的时候，
承受生活中阴惨惨的时候。
此为直面心理学之“人生三受”。
南樵：原来，直面心理学是关于人生态度的心理学。

12. 如果世界不给我以烦，我靠什么去有所作为？
南樵：世界投我以白眼，我在白眼中成熟；世界投我以石头，我用石头做台阶。

13. 看上不看下，是惊惧者的心灵；
看下不看上，是怜悯者的心灵；
看上也看下，是管理者的心灵；
看下也看上，是成熟者的心灵。
南樵：我们的眼光在哪里，我们的心灵就在哪里。

14. 当遇到我们不能解救的人，特别是不愿意得到解救的人，我们就要学会解救自己，方式是：用嘉言懿行让他们离开，到他们该去的地方。
南樵：或许他们有一天会回来，那时也不迟。人要改变，先有意愿。

15. 一个来访者这样谈自我：

“我从小没有自我，别人都习惯了。

当我开始有了自我，他们就不习惯了。

当我坚持活出自我，他们就养成新的习惯。”

南樵：直面医者的勉言：有意识发展新习惯，先不管别人习惯不习惯。

16. 你怎样对我，我就怎样对你，不是因为我跟你一样，而是为了让你对我不一样。

南樵：在人际关系里，不只是要怎样，更是要知道为什么要怎样。

17. 父母用“爱”绑架了孩子的自我，不要以为这是一件奇怪的事，它在面谈室里大量发生，它在我们生活周围大量发生。

南樵：爱，有多少恶假汝名以行！包括在亲情环境里发生。

18. 以“用心是好的”把“方式是不好的”掩盖起来了，让孩子受了伤害还感到内疚，又因为内疚而妥协，自我就在不断妥协中变弱了。

南樵：简直是一场阴谋啊！双方都意识不到。对此，直面医者充满悲惜与愤懑。

19. 人太想要有用的，太厌弃没用的。

但有用的会变得没用，没用的却养成了品质。

南樵：“有用”太多，会遮蔽心灵；“无用”之用，在造就品质。

20. 家庭养育的麻烦缘自父母想把世界变成孩子的家。

人际关系的麻烦缘自孩子想把世人变成他的父母。

南樵：相反则好：父母把家变成世界，让孩子在其中成长；孩子把父母当成世人，让自己不养成依赖。

21. 父母一直给孩子喂饭、强迫孩子吃饭，破坏的是孩子求生存的动机。

当求生存动机被削弱了，什么问题随后都来了。

南樵：在探索心理障碍的根源时，直面医者发现了一样：父母一直给孩子喂饭、强迫孩子吃饭。

22. 这是一个多么可贵的发现：意识到人与人的差别很大，不追求我与别人一样，也不强求别人跟我一样。

南樵：直面医者问：我怎么可能跟别人一样？别人怎么可能跟我一样？

23. 最单纯的人，最容易变成天使，也最容易变成恶魔。

我们这些最普通的人，变成天使难，变成恶魔也难。

南樵：原来还是做人最好！

24. 这是关系中的两个麻烦：太在意别人的看法，一点不在意别人的看法。

南樵：直面医者提醒：多在意一点自己的看法，少在意一点别人的看法，就平衡了。但这也不是绝对的，具体也得看情况而定。

25. 没有自我的人想操纵别人，却被别人操纵；

有自我的人不操纵自己，也不受别人操纵。

南樵：直面医者叹曰：操纵太多了！不管操纵别人，还是操纵自己，都不是真正做自己。

26. 扛着一个过于敏感的自尊，让自己的生活成了一场自虐和苦斗。

南樵：自尊受伤了，会变得很敏感，会过度防御和轻易攻击。

27. 一个最孤独的人，因为害怕而逃离人群，却在暗中与一条蛇建立了亲密的关系。

南樵：孤独者会做最危险的选择。

28. 没有自我的人只能在严密的程序中才能做得好，有自我的人在纷乱的世界上依然活得好。

南樵：有在别人的安排中长大的孩子，有在自己的经验中长大的孩子，他们长成了不同的人。

29. 人际关系中最基础的部分是：别人怎样待我，我便怎样待人。

南樵：当这个基础受损了，人际关系就出了问题：人怎样待我，我却不能做到怎样待人，因为：我害怕……

30. 人生最基本的原则是：种瓜得瓜，种豆得豆。

南樵：这不是直面医者的道德劝谕，而是在陈述一种现象或者揭示一种本质。

31. 为了避免别人生气、说风凉话、威胁，我什么也不敢做，我为此付出的代价是失掉自我。

为了获得自我，我坚持尝试去做，我为此做出的冒险是任凭别人生气、说风凉话、威胁。

南樵：直面医者赞赏这样的选择：与其付出失掉自我的代价去回避，不如为了获得自我去冒险。

32. 因为你是从深处走来的人，就不会害怕在浅处游荡的人。

南樵：我们害怕，是因为我们太浅。

33. 当你对话，你被扰乱了；

当你独语，你清澈无比。

南樵：直面医者遇到一位在独语中变得澄明的人，她需要的是走出去跟人对话而不被扰乱。

34. 神经症者最聪明，因为他们用本能做选择；

神经症者最痛苦，因为他们最不信任本能。

南樵：直面医者在神经症中看到一种情形：最聪明者最痛苦。但走出神经症有一条路：信任自己的本能。

35. 她的期望是，在她幼年的土地上，爸爸是一棵深深扎根的树。

但她的心一直在惊慌里，因为爸爸却成了一阵南来北往的风。

南樵：这位来访者在世界上无法安身，她的眼睛还是幼小时的眼睛，惊恐地看着这个充满不确定的世界，担心随时会发生不测。在她的幼年经验中不断闯祸的爸爸，成了不测之源。

36. 如果你听不大懂，你就把它当成种子，等到日后蓬勃；

如果你听懂了，此时就欢欣于它的萌芽、成长和蓬勃。

南樵：这种子，便是直面医者的话语。

37. 世界上有这样几种人：

没有禀赋，也不认为自己有，就自然去活的人；

没有禀赋，但认为自己有，很努力去活的人；

有禀赋，自己不知道，也不相信，活得低落又不甘的人；

有禀赋，自己知道，而且确认，并找到方式去充分实现自己的人。

南樵：你是哪一种人？你在怎样生活？

38. 有非凡的天分，但没有过度的特别感，在现实中长成爱因斯坦；没有非凡的天分，却有过度的特别感，在幻想中做爱因斯坦。

南樵：首先做自己，然后做爱因斯坦；做成了自己，就不必做爱因斯坦。

39. 因为不好意思，我总是违背自己，渐而中断与本能的联结，最终失掉了本真的力量。

南樵：因为本真，就得到了来自本真的力量。

40. 母亲是一只母兽，全身全力护着她的幼崽。
她的幼崽一直在洞穴里，不识外面的世界。

南樵：直面医者看到的中国家庭亲子关系图景。

41. 小时候太乖了，长大了又太贪了——拼命要补偿啊！
自己装的太多了，父母教的太少了——不通人情世故啊！
学来的知识太多了，生活的经验太少了——虚妄长出来了！
仅上述三者，就把症状招惹上身了。

南樵：直面医者善总结，所言皆从本质来。

42. 真实的人力上加力，伪装的人日渐虚弱；
真实的人在现实中健行，伪装的人在头脑中逞能。

南樵：直面医者看人，由真伪之观，见内外之景。

43. 走知识（单一求知）的路，以为可以避免受伤，却避不开症状；

走经验（全面求真）的路，知道受伤是难免的，却迎来了成长。

南樵：陶行知，乃一直面医者也，曾云：千教万教，教人求真；千学万学，学做真人。

44. 逃避的时候，你很舒服，后来越来越不舒服；

直面的时候，你很不舒服，后来越来越舒服。

南樵：直面心理学之核心话语：逃避或直面，后果不相同。

45. 你称之为症状，我看它是赌气。

你说："我什么也不肯做。"

我说："因为妈妈没有来。"

你说："是的，小时候，妈妈在的时候，我什么也不用做。"

我问："现在呢，如果妈妈一直不来，你就这样等下去吗？"

南樵：症状里有我们暗中携带的往日模式和我们习焉不察的儿时情绪。

46. 人需要有出口，没有出口的人最终会找到一种极端的方式来发泄。

这极端的方式会形成症状。

南樵：直面医者看到三样：一、有出口（即健康）；二、没有出口（即压抑）；三、有症状（即无奈之选择）。

47. 我拒绝她的要求，是为了让她学到她小时候从妈妈那里没有学会的规则；

我不接受她的威胁，是为了告诉她：你可以威胁妈妈，但威胁不了别人。

南樵：直面医者有时候会"面目可憎"，但内部永远都有一个尺度：

一切为了来访者！不管对方懂或不懂、早懂或晚懂。

48. 任何选择都有风险：或获得成长，或发展症状；或生，或死。

死而后生，是冒着死的风险发现了生机；

虽生犹死，是躲避在症状里失掉了成长。

南樵：从这里你会读出直面心理学的意味！

49. 带着最好的祈愿，用最坚决的态度做事，接受最坏的结果。

南樵：直面医者问：如能这样，还怕什么？

50. 在最压抑的文化里，会长出两种障碍：一是人格障碍，即压抑者的人格；一是心理障碍，即被压抑者的心理。

南樵：直面医者不仅做个体的医治工作，还承担文化更新的使命。

51. 症状是一个悖论：最渴望的，也是最害怕的。

治疗也是一个悖论：最好的解决办法，便是不解决。

直面的方法是：通过叙事，让人看到这悖论，从而做出选择。

南樵：直面的方法，是一种存在性质的叙事。

52. 她拖着一个沉重的箱子，不知可以做什么，不知要到哪里去。

箱子里装的是她的自我，拖着箱子的人不知道自己是谁。

南樵：直面医者时而会想起许多年前那个只来访过一次的女子，如今安在？

53. 万事所归，基于人性。

南樵：人性才是万事万物的尺度：人性有恶，给它合理的空间；人性有善，让它更好地发展。

54. 不是成绩，而是成长；

不是遗传，而是习得；

不是注定，而是影响。

南樵：以上几点，教育者要明白，养育者要明白，治疗者要明白。

55. 父母带孩子来接受咨询，常常是父母需要咨询。

当孩子出了心理问题，父母就有了学习的机会。

南樵：直面医者说的这话，如果父母听懂了，孩子就有希望了。

56. 在一个充满了抄袭者与假冒者的社会里，清者自清变得很难了，你时而会被泼一身脏水，惊诧莫名。

南樵：由“南京直面心理咨询研究所”名称在网上被行为不端的医院冒用而引发的感慨。

57. 我说：“我们做事、活着的动机有时集中在这里：在这个世界上谁在乎我？”

来访者说：“在这个世界上，只有我的小狗在乎我。我躲在树的后面，它一定要找到我。”

南樵：人不再寄情于人，而寄情于狗，这是让人羞愧（让狗兴奋）的事情之一。原因很简单：人被人忽略，人被人伤害。

58. 生活中有一样东西追得我们四处乱跑，我们反复被它利用，苦恼不堪，又十分无奈，它简直会把我们逼死。

这样东西叫“不好意思”。

南樵：我们大家的“不好意思”，滋长了一些人的胆大妄为，导致这样一种社会现象：成功即犯罪，犯罪即成功。

59. 因为害怕别人会说什么，我们让生活一团模糊。

南樵：直面医者鼓励我们问自己：说到底，是谁为我们的生活负责？

60. 创伤生恐惧，恐惧生逃避，逃避生症状，症状乃幼弱。

南樵：直面心理学之洞见。

61. 因为无法与父母分开，所以难以与他人联结。

南樵：追溯人际关系困难的源头，常常是在跟父母的关系里发现了端倪。

62. 充分的经验＋十足的底气，是生命确立的基础。

南樵：直面医者所言，尽矣！

63. 你在关系中不断装好人，最后只剩下一个“好人”的符号了。

南樵：话说至此，无以复加尔！

64. 人缺什么，就看到别人有什么；看不见自己有什么，也看不到别人缺什么。

南樵：你的眼睛看到什么，什么就成了你的动机。如果动机太单一，你切要当心，因为单一的动机里有损害。

65. 小时候我一直哭，奶奶对我说：“长大了就好了。”

长大了我还是哭，咨询师对我说：“长大了就好了。”

我看着咨询师，以为是奶奶的魂附体了。

南樵：一位来访者这样叙述，直面医者听了呵呵发笑。

66. 因为依恋的需求未得满足，她的内心就留下了一个空缺。

后来的日子里，她一直在找一个人依赖，以为可以补偿那个空缺。

她时常看见别人像她的妈妈，便凑近前去……

然后，她到妈妈的坟头去哭。

南樵：遇到许多找妈妈的孩子，直面医者却不能做他们的妈妈，便对他们说：你就做自己的妈妈吧，用心把自己养大！

67. 我惊叹神经症者的思维与想象，他们随时都在进行创造，就如同上帝说要有光，就有了光。

既然不能说上帝是神经症者，那一定可以说神经症者想成为上帝——上帝创造了世界，神经症者创造了症状。

南樵：直面医者赶忙说：希望这话没有得罪神经症者，也没有得罪上帝。

68. 关系中没有分开，自我就不会长大。

南樵：这是很简单的道理，多少父母能懂？直面医者问。

69. 我做四个陈述：

一、心理症状透露的情形常常是：经验缺失，底气不足；

二、底气是从经验里长出来的；

三、心理治疗总是这样一种致力：帮助来访者走进经验，长出底气；

四、走进经验，即走出症状。

南樵：简要陈述，意在提醒。

70. 只要一依赖，就长不大了；

不断找依赖，就一直长不大。

南樵：人没长大才依赖，人长大了即独立。

71. 本来就有，何须强求！

南樵：直面医者讲自然，叫本来就有；心理症状乃强求，是无度用力。

72. 可惜的是，人类把大量的才智用于发展出各样的方式来应付生活，而“人”躲在方式后面，不肯投身于生活。

南樵：有多少种方式，就有多少种逃避。

73. 那一个个没有找到方式来表达自己的人到我这里来，对我说：“我病了。”

南樵：直面的治疗，就是要帮助人找到自己的方式——这本身就是疗愈，且是最好的疗愈。

74. 世人最深的遮蔽有二：一、只看到表面的；二、会夸大看到的。

南樵：直面医者断言：人生在多大程度上获得了觉察，就在多大程度上突破了遮蔽。

75. 三十年后，我才知道：原来他是这样看我。

南樵：人怎样看我们，不知道倒好。我们只需要知道自己是谁，免得受了他人的牵扰。

76. 在关系里我常看到两种伤害：

有人用情太深，却不用心；

有人用心太深，却不用情。

对于前者，我说：“你来吧。”

对于后者，我说：“你走吧。”

南樵：或问：直面医者也会厚此薄彼吗？直面医者说：为了惜力！

77. 天才是把资源用对了地方；

病人是把资源用错了地方。

南樵：天才与病人皆有资源，只是用的地方有所不同。

78. 神经症背后的原动力是过度的恐惧，目的是得到绝对安全；

创造性背后的驱动力是持续的兴趣，目的是自由玩耍。

南樵：动力有区别，目的各不同。

79. 因为一直要做神，就耗尽了做人的力量。

南樵：直面医者对神经症者的特别提醒。

80. 直面疗法在核心之处宣称：有了态度，我还怕什么？

但一个人走到这个核心之处的路是漫长而艰辛的。

南樵：直面疗愈的根本在态度：态度之下，气象万千。

81. 在一个充满可能性的现实里，一个人因为过于现实而失掉了可能性。

南樵：给我们讲现实，但不跟我们讲可能性，大多是控制者；给我们讲可能性，但不跟我们讲现实，大多是欺骗者。

82. 一个受迫害者是可以高于那个迫害者的。

南樵：如果不是这样，强权就成了最高的。

83. 他内部贮存的是这些东西，他随手使用的也是这些东西。

南樵：我们用得最顺手的，往往是我们最熟悉的。如果过去的经验没有经历更新，我们就会一直使用它们——不管它们是好的，还是不好的。

84. 有两种东西，它们的来源深而复杂，又被提炼得精纯而微妙：一样是症状，一样是艺术。

二者有区别：症状受恐惧驱动，艺术受惊愕驱动。

南樵：从艺术看症状，又从症状看艺术，这是直面医者的视角。

85. 在她一路走过的地方，价值被条件化了，她中了很深的毒：只看见条件，看不见价值。

南樵：条件化的毒素，渗透了当今的文化，每个人中毒在所难免，只是深浅不一而已。

86. 在中国，高考是神圣的殿堂，症状是它的祭品，症状者是用来献祭的活物。

南樵：此为极言，意在提醒！不只是现象的真，更是本质的真。

87. 强大的文化势力在大肆虐杀人，寥寥可数的疗愈者在暗暗救助人，在四周都是无奈的环境中有一个声音说：救一个是一个吧。

南樵：此乃直面医者的态度！其中有悲悯，有无奈，有韧性，也有坚定。

88. 我们的影视除了《宫心计》、抗日神剧、模仿与搞笑，还有什么？还可以有什么？

南樵：它们赚取了金钱，虐害了心灵。

89. 质量是什么？

就是在“活着”之外还有高于“活着”的理由，就是不只是活着。

理由是什么？

就是许多人出于安全的缘故不大去说的东西，就是自由、独立、平等、尊严、意义。

南樵：尼采有话说：That he has a “why” to live for can bear almost any “how”！意即：有了活的理由，才能活出质量。尼采也是一位直面医者，虽然是一位病了的医者。

90. 我以前为什么那么痛苦？是因为我一直在那里打我自己。

南樵：一位来访者的觉察之言。信然！症状是自己打自己的理由。

91. 人的魅力来自于他的独特性，也就是他的个人化视角与个人化叙事。

南樵：但在公共话语强逼之下，许多人丧失了自己的独特性，也失掉了个人的魅力。

92. “你这个小气鬼，怎么跑到症状里来了？”我惊问。

“我怎么才能逃出去啊？”你哭道。

“去找豪爽吧，它会给你指路。”我说。

南樵：在这个世界上，小气鬼更容易陷入迷阵，且在里面兜圈子，走不出来。豪爽者也会偶陷其中，但走出迷阵的机会更多，因为有豪爽的精灵引路。

93. 她长得漂亮，且有许多好的条件，只是别人说她“缺一窍”。

她来找我，问：“我缺的那一窍是什么呢？”

“是情感。”我说。

她欲多问，我不再发一语。

南樵：情感通了，一通百通。

94. 症状里有一种精致的技术主义，却在精益求精的技术追求中失掉了本质，也因而失掉了自由。

南樵：机关算尽太聪明，反误了卿卿性命。

95. 他们卡在两个世界之间：头脑太茂盛，生活太贫瘠。

南樵：四周都是卡在症状里的人，他们在发声求救，直面医者向他们呼喊：走出头脑，走进生活。

96. 有智力，却没有经验，于是病了。

心里不甘，就威胁世界。

世界说："你去吃药吧。"

南樵：直面医者告诫人们，只需要认清一个事实：世界不是你妈！

97. 为了救下你的孩子，必须放下你的孩子。

直面医者对父母说的话只有一句："请松手！"

南樵：父母说：说来简单，做到实难。直面医者说：如悟本质，何难之有？

98. 父母的养育是一种预备，预备孩子在一个充满不确定的世界能够生活得好；

孩子的成长是一种预备，预备自己在一个没有了父母的世界也能生活得好。

南樵：直面医者一路遇见许多没有预备好的父母，也遇到许多没有预备好的孩子。

99. 俗人看表相，因而不识幻相；

智者看真相，因而看破假相；

爱者看心相，因而看穿实相；

觉者看本相，因而看见无相。

南樵：看电影《孙悟空》(郭富城主演)，直面医者有所悟得。

100. 从面谈室的窗口朝生活瞭望，我看到许多踽踽独行的孩子，他们正一步步朝我走来。

我在呼喊没人听到！我在挥手没人看到！如果有人陪伴，他们就不会走到这里。

南樵：如果没人陪伴，如果没有经验，“病”就在路边蹲伏，等着孩子们走过来，然后掳他们而去。

101. 我们常常遇到有知识的人，我们较少遇到有文化的人。

我们缺的不是知识，我们缺的是文化。

南樵：我们习惯于称受过教育的人为“有文化的人”，但常常不是，在当今这个时代更加不是。

102. 一位觉醒的来访者对我说：“我又不是钞票，怎么可能让每个人喜欢我？”

我回应说：“是啊，活成了钞票就活不出自我。”

南樵：讨好所有的人，就是让自己活成钞票。

103. 一直往后拖，最后就拖出病来；

一直都在逃，最后就逃到病中。

南樵：直面医者一开口，三句话不离本行：不是逃避，而是直面！

104. 以为别人说你是什么你就是什么，你就真的让自己变成了别人说的什么。

南樵：那么，你到底是什么？

105. 最终，当你决定为自己的生活负责，并且基于这个去做选择，你就开始成为一个个体了。

南樵：直面心理学咨询的目标：成为个体！

106. 你要学会在关系中走在前面，而不是一直走在后面，让自己的存在永远是别人眼中的小事件。

南樵：直面医者对女儿说：在人际关系里，你要有适当的影响力，包括影响他人的能力、影响自己的能力、接受他人影响的能力。

107. 主动者在别人前面走，被动者在别人后面走，依赖者指望别人扛着走。

南樵：因为从小到大被人扛多了，就成了依赖者；一直期待被人扛着走，没有人扛，就坐在地上不走。

108. 我在症状里看到这样一幕：

小时候被父母欺负，

长大了欺负父母，

出门怕别人欺负，

心里想欺负别人。

南樵：当一个人把关系看作欺负与被欺负，他就等于没有了关系，最后只好回到家里躲起来。

109. 情况是：太想做伟大的事，不甘做普通的事；太想做完美的人，不甘做普通的人。

结果是：大事没有做出来，做出了抑郁症；伟人没有做成，做成了抑郁症者。

南樵：走在追求伟大的路上，有人成了伟人，有人成了病人。区别在这里：前者找到创造的方式，在现实里奋力；后者找到臆想的方式，在头脑里游戏。

110. 你不能为自己说话，别人也不知道为你说什么；

你不能确认你自己，别人也不明白你到底是谁。

南樵：最重要的事莫过于：为自己说话，确认自己。

111. 症状深处有一个声音："我不想长大。"

南樵：直面医者常听到这样的心声，为之悲惜。

112. 小孩子做大人不好，大人做小孩子也不好，都要为之受许多错位的苦。

南樵：问题的根源：小时候做大人，长大了就要做小孩。解决的办法：让小孩子做小孩子，长大了自然成大人。

113. 你内部有一个成熟的、智慧的自我，但它在沉睡。

当你跟自己说话、跟他人说话、跟生活说话，它就在不断被唤醒。

南樵：唤醒内在的自我，生活就统合了；失掉内在的自我，生活就散落了。

114. 你问："怎样交友？"

我说："去交往。"

你问："怎样长大？"

我说："去成长。"

南樵：事情归于一点：去做！总问"怎样做"，便是"不想做"。

115. 有时候只谈一次，命运就改变了，但可遇而不可求；

有时候要谈一两年、三五年，让改变持续发生；

有时候好，有时候不好，都是可以接受的；

有时候快，有时候慢，总要进行下去。

南樵：明白了“有时候”，就明白了许多，就会从心理咨询中真正得益。

116. 在症状里有一个没有长大的部分叫性急……

于是，药物来了，

“一下子就好了”的办法来了，

各种各样的骗子都来了。

南樵：性急者难以接受成长的方式，就要为性急付出代价。

117. 可惜那一个个禀赋迥异的人，却没有活出自己的生活。

南樵：这是直面医者最多、最深的感慨！

118. 中国电影最缺什么？

最缺价值观。

价值观从何而来？

来自对人性的了解与尊重。

南樵：直面医者看到这样一幕，颇生慨叹：人民蜂拥去电影院看《疯狂动物城》，政治在家里蒙头睡大觉。

119. 依赖者是被他的照料者践踏的人，依赖者自己并不知道，反而爱那照料者，照料者更加以为自己是伟大的爱者。

于是，照料者更加照料，依赖者更加依赖。

当依赖者躺在地上，药物也成了践踏他的一只脚，让他依赖，而且无望。

被践踏者的心是感恩的，也是内疚的。这时，他也在践踏自己。

南樵：普遍而悲惨的一个事实：许多人都是这样生活的，习以为常。

120. 当父母有分开的意识，当孩子有独立的勇气，成长就发生了，治疗就完成了。

南樵：直面医者直言：要走很长的路，才到达这里。

121. 当我们有了勇气，做到真实，我们就具备了直面的品质。

南樵：我们的治疗理念是：真实与勇气，成为直面者。我们的训练宗旨是：真实与勇气，造就直面医者。

122. 我们有很多缺乏，最缺乏的是勇气；

我们有很多品质，最高品质是真实。

南樵：培育直面的品质，并不是一件容易的事，却肯定是一件必要的事。

123. 过去你遭受太多的伤害，你用破碎的心反映世界。

当你有意识经历了整合，最终你成为整全的自己。

南樵：伤害让心破碎，成长让人整全。

124. 症状是：只有设计，没有流动。

治疗是：开始流动，忘了设计。

南樵：直面的治疗，是流动的治疗，亦即自然的治疗，也是境界的治疗。

125. 我们正在着手办，你却问："怎么办？"

我们就在关系里，你却问："关系在哪里？"

南樵：有时候，人们只是问问题，并不是要探索答案，甚至可能是在表达不满。

126. 以前她给我讲感觉：关于她怎样跟情绪作战；现在她给我讲故事：关于她怎样与人交往。

南樵：这便是改变，且是重要改变。

127. 有胡说八道的人，有盲目依从的人，生活大多是这两类人的相遇：前者想要发泄，后者想得安慰。

当胡说八道的人止住自己的嘴巴，便走向明智；当盲目依从的人说出自己的话，便走向独立。

南樵：人需要尽力去发展两个条件：明智与独立，不然的话，人就容易被自己糊弄、被别人利用。

128. 看不见“人”，只看见“病”；

不问成长，只求控制；

不关心怎么活，只在意吃什么药；

不探索生命，只归因生物；

不管“存在”的质性，只讲药物的功用。

这算哪门子治疗？

南樵：这种治疗通行于世，因为世人太幼稚。幼稚表现为二：一、求轻易；二、想控制。

129. 没有活出自己的人，他的生命就如同大地上飘浮的影子。

因此，尽量真实去活吧，哪怕活得不堪，也比影子实在。

南樵：活得实在！夫复何求？

130. 我做了你的爸爸，你跑开了。

许多人跑来，成了我的儿子。

南樵：直面医者关于养育与咨询的个人感慨。

131. 只剩下脑袋，没有了情感，没有了身体，自己还意识不到，即为症状。

南樵：只活在头脑里，就成了病人。

132. 我能做自己，就不必做别人；

我能做好自己，就不必赢别人。

南樵：在症状里，我看到两种欲望：太想做别人、太想赢别人。

133. 聪明人仰仗聪明，所得有限，有时竟然跌倒了。

聪明人有了品质，根基扎实，且脚步稳健而行。

南樵：聪明在浅处，品质是根本。但人们常追逐聪明，忽略品质。

134. 如果他们一直都不明白，我们又何必苦苦相随？

最终，我们每个人不都是要走一条自己的路吗？

南樵：放开手让别人走，停下脚守自己的心。

135. 在信息的剪刀下，生命变得支离破碎：因为失掉了根源，人飘飞在本质之外。

南樵：现代人的生活图景：大量的信息、各样的分析，人陷入焦虑，不知道自己的角色，不知道与他人的边界，不知道自身的处境，不知道从哪里来、要到哪里去。

136. 我常常羡慕我的来访者，在这样一个时代，他们能够遇到一个这么好的咨询师。

我回顾自己的成长，却是一场高密度的风险，直到几十年后才遇到现在的自己——成了别人的咨询师。

南樵：咨询师，人生旅途中艰难时段的陪伴者。

137. 不断学习的人就像一条活的江河，从不学习的人就成了一潭死水。

南樵：永远做一个学习者，做一个永远的学习者。

138. 好的养育是这样的：在相处中培养分开，在分开中保持相处。

南樵：科胡特说过类似的话：不带诱惑的深情，不含敌意的坚决。

139. 有知识不等于有文化，没知识不等于没文化。

教育是造就有文化的人，而不只是生产有知识的人。

南樵：宁愿没知识，不要没文化。

140. 一个人在模仿别人的过程中成就了自己，另一个人在模仿别人的过程中失掉了自己。

南樵：模仿是一种学习，但目标不是成为别人，而是成为自己。

141. 练就一身打虎的功夫，却一直逃避一只蚂蚁。

南樵：或问：蚂蚁是什么？直面医者答：就是根本不值得害怕的东西。或问：神经症是什么？直面医者答：就是为了躲避蚂蚁，一直不敢出门。

142. 症状呈现的状态是：人失掉了自然，被囚禁于头脑。

南樵：头脑成了一座监狱，监狱里囚禁着自己。

143. 人性健康的状态是光影交错，生命受损的结果是光影隔绝。

真正的疗愈是说服人与自身的阴影达成和解，并臻于完整。

南樵：直面心理学的人性观：人性是光影交错。

144. 找练成了真功夫的人学功夫，因为他有真传。

走到这个境界的人很少，因为通向这里的路是窄的。

大多数人走在大路上，还有不少人走到岔路上去了——或许会绕回来，或许回不来了。

南樵：在一个大传销的时代，各色人等都在大路上吆喝，在岔路口吆喝。

145. 因为有了充分的玩耍，才会专心投入自己的工作，这是自然发生的事情。

强求的结果是：玩耍的时候担心事情没有做，做事的时候又觉得没玩够。

南樵：人大概可以分为两类：纠结者和不纠结者。强求的人纠结，自然的人不纠结。

146. 直面工作的目标是：让有才分的人不再受困于症状，而去经历成长并充分实现自己。

南樵：在直面医者看来，才分是自然长出来的资源，不用于创造，则用于生病。这叫无事生非，"非"即病。

147. 有这样一批有才分的人，因为没有确认自己，最终成了病人。

当他们经历了直面疗愈而获得了觉察，就开始成为天才。

直面的工作就是帮助有才分的人从病人走向天才。

南樵：有才分的人更可能成为天才，也更可能成为病人。关键在于觉察不觉察。

148. 她曾经在障碍中消耗自己、在冲突中削弱自己。

现在她开始醒悟，开始舒展，像紧锁的花骨朵在时令走过之后绽放，却更加明丽。

南樵：这样的情形在每一个经历了疗愈的人身上发生。

149. 有那样一些有品质的人，因为受困于障碍，就成了病人，又因为找到了一条充分实现自己的路，就成了天才。

南樵：天才就是充分活出自己的人，至少在某些方面是这样。

150. 做父母只需要有一种意识：

自己滞后一点，让孩子走到前面；

自己被动一点，让孩子变得主动；

自己放慢一点，让孩子显出敏捷；

自己糊涂一点，让孩子更加明白；

自己退守一点，让孩子学会带领。

南樵：如果父母没有这个意识，孩子的情况就变得正好相反。

151. 症状被延误了，因为一个人有过于旺盛的求知欲，而缺少出于自然的求助心。

单一的求知让人越来越远离自己，一步步走向虚妄；

真心的求助让人经历疗愈与成长，越来越趋近自己。

南樵：只要求知，不肯求助，这本身就是一种障碍，会造成人生的诸多缺憾。

152. 在症状的背后我看到两种东西：追求单一的目标和陷入单一的关系。

南樵：单一即症状。

153. 症状里有悖论，悖论里有智慧，智慧里有疗愈。

南樵：症状本身有疗愈，就如同罪（sin）里有拯救。

154. 教育是播种——因为播的种子不好，就长出了症状；

咨询是播种——当好的种子发芽了，生长了，疗愈就发生了。

教育是好的，心理咨询就是不必要的。

南樵：播种的比喻，最为直面医者喜用善用。明白了播种的比喻，就明白了生命的养育。

155. 好而不真，让自己受莫名的苦；

真而不好，让别人受不堪的苦；

不好也不真，让世界变得很苦；

好而且真，让苦的世界不再苦。

南樵：每个人都可以选择成为怎样的人。

156. 你追，那人就跑了，头也不回；

你停，那人也停下来，还回头张望；

你坐在那里做自己的事，那人自己回来了；

你只管做自己的事，好像没有看见他，那人就在一旁看你，并不打算离开。

南樵：人类关系很有意思："你追所以我跑""我跑因为你追""你停下来了，我回来了""你专心做事，我跟你一起做事"。

157. 没有该结婚的年龄，只有想结婚的意愿。

南樵：不是年龄到了要结婚，而是有了意愿去结婚。

158. 不是对与错，而是让孩了有机会表达自己的意愿。

南樵：父母固执于对与错，孩子就把心门关闭了；父母愿意听孩子的意愿，孩子就在关系里成长了。

159. 在症状里，我与她相遇。
她的笑，如同轻盈的飞鸟。
她的手，却紧紧抓着过去。
在她绝不松手的地方，是伤与怕。
她一直没有长大，是因为她不肯放手。
她正在失掉现在，是因为她腾不出手来。
我不看她笑得有多美，我要帮她松开她的手。

南樵：直面医者的治疗，有时候可以用一句最简单的话来概括：请松手！父母松手，不要紧抓孩子不放；孩子松手，不要紧抓过去不放！

160. 那二十岁以下的来访者啊，如果你是因为读了我的书来找我，我愿意接待你；如果你没有读过我的书，只是被父母强迫而来，那你不必来，我就接待你妈妈吧（反正你爸爸是不大会来的）。

南樵：对于心理咨询来说，孩子的年龄越小，父母来谈话越有必要。

161. 因为忍得太多，就成了“受气包”，觉得所有人都欺负她，故意让她生气。
最后她只好逃到深山里，养几只鸭、几只鹅。
但也不行，因为鸭鹅也欺负她，惹她生气。

南樵：在人际关系上出现障碍的人，常常是最能忍的人，他们有一大堆忍的理由，结果是忍了一肚子怨气与苦毒，就只好逃离人。

162. 有活得很好的人，有活得不堪的人，还有根本没有活出来的人。
没有活出来的人，他们的生命如同大地上的影子，飘来又飘去。

南樵：首先是活出来，先不去管活成怎样。

163. 你在这里，但你不在这里。

不管你在哪里，你都不在那里。

你在生活彼处，而非此处。

因此，你不是一个“在者”——因为你不大存在。

南樵：做一个“在者”！不管在哪里，你都在。

164. 每个人都是叙事者，故事的主角都是他自己。

南樵：直面的叙事方法，就是让来访者在自己的叙事中发现自己。

165. 因为长期察言观色，她能阅人面相，对人的心意明察秋毫。

安全是她最深的关注，任何一丝风吹草动，她都惊跳而逃。

南樵：她太压抑了，太累了，内心有太多的哀伤，她独自哭泣时，一只陌生的小猫跟她感通了，悄悄走过来舔她脸上的泪。

166. 症状是回避者的出路：一种无奈的选择和一种选择的无奈。

南樵：左边有路走不通，右边有路也走不通，只剩下一条路可走：症状。

167. 在症状的背后是受压抑与损害的灵魂。

南樵：来访者不是“病人”，而是“受伤的人”。

168. 疗愈者是受伤灵魂的陪护者。

南樵：让受伤的灵魂在陪护中得疗愈。

169. 你只管朝你命运指引的地方行进吧，因为这一切早就安排好了。

南樵：因为无法接受自己是这样的、事情是这样的、他人是这样的、世界是这样的，一个人就“卡”在那里了。直面医者对他说：只管朝前走吧，接受之后有改变，安之若命即解脱。

170. 你不仅拓展得开，还沉潜得深。

南樵：朝开阔处走，也朝深处行，拓展人生的纵深。

171. 头脑很发达，生活却贫瘠；

感觉很澎湃，感情却枯竭；

体验很敏感，经验却蹇涩；

想象很激越，勇气却消退。

南樵：症状便是从这种落差里产生出来的。因为有落差，所以有冲突；冲突不可调，故而生症状。

172. 信息像毒品，我们已经成瘾——既吸毒，又贩毒。

南樵：信息泛滥成灾，充满了回避现实的内容，其毒化作用是让人变得浅薄、幼稚、想当然。

173. 做一件事，就去做一件事，就干净利落了，就变得通畅了，就能够确认自己了。相反，做一件事，内心就在那里评价自己，脑子里又想着与之相反的另一件事，就受了牵累，就无法专心，就有堵塞，就陷入纠结之中了。

南樵：直面的方式就是：一次做一件事，就专心做那件事。

174. 因为过去玩少了，所以现在生病了。

南樵：症状是对成长过程中游戏缺失的过度补偿。

175. 或曰："请给我们谈智商、情商、灵魂、灵性。"

直面医者如是说：

“智商是从天然中显现出来的判断能力，它能对人对事做出预判。

情商是从经验里生长出来的情感能力，它能发展关系、应对情绪、对环境做出适当的情感反应。

灵魂是决定你是谁和你会成为什么的潜质——有良知、良善、良能。

灵性是对灵魂及其神圣渊源的理解、态度与情感，是灵魂呈现自身的意态。”

南樵：直探生命各个层面的实质。

176. 我知道我很高，但高到第几个云层，由你们去说；

我知道我很深，但深到第几个地层，由你们去说。

南樵：直面医者自况。

177. 当你学会了倾听，你几乎可以做好任何事情——因为关系疏通了。

南樵：许多人来跟直面医者学习，只要学到这一样功夫——倾听，他们的生活就不一样了。

178. 在我满是沧桑的眼神里，闪过你的影子，依然朝气蓬勃。

南樵：岁月已经沧桑，记忆永远鲜亮。

179. 或问：“直面疗愈的核心是什么？”

我答：“是成长，即帮助你长大。”

又问：“长到多大？”

又答：“大于你的问题。”

再问：“怎么做到？”

再答：“很简单——当你长大了，你的问题就变小了。”

还问：“因此，不是解决问题，而是让人长大，对吗？”

还答："很对。如果人没有长大，这个问题解决了也没用，因为还有其他问题。"

南樵：直面医者画了一个图型，图型显示症状的情形是：问题很大，人很小。又显示治疗的过程是：让人变大，问题变小。

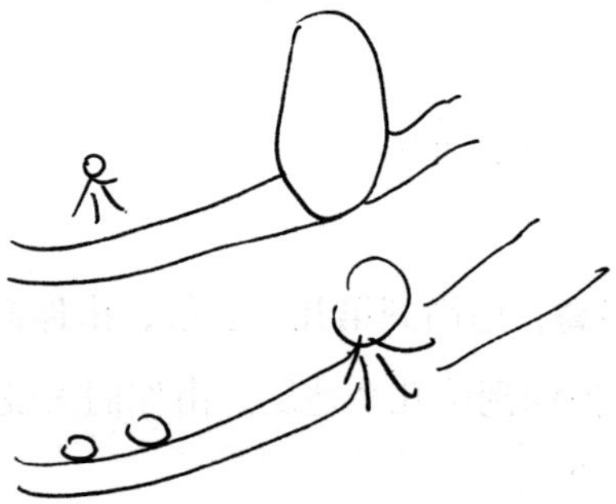

180. 她曾经飞得很高，很高。

当她从高处落下来，摔得很惨，很惨。

因为高飞与跌落，她有了一个收获——她发现了普通人身上的伟大处，又发现了伟大人身上的普通处。

她说："我要做一个普通人，去获得普通人的幸福：结婚、生子、工作。"

我说："欢迎你落回大地，跟我们这些普通人在一起。"

南樵：有时候就是这样简单：飞到天空即症状，落回地面乃成长。

181. 不只是你是谁，也包括你跟谁在一起。

许多人的选择是：跟自己可以依赖的人在一起，不跟让自己成长的人在一起。

南樵：你需要做一个选择。

182. 我遇到一个在症状里呆了二十年的人。

我问她："你的生活中最遗憾的是什么？"
她说："没有照顾好爸爸，他走了。"
我说："是你没有照顾好自己，让爸爸带着遗憾走了。"
她旋即流下泪来，不知道是哭爸爸，还是哭自己。
南樵：这位症状者生活在对他人的愧疚里，却不为自己的状况感到遗憾。

183. 人际关系困难的一个原因是：对别人不感兴趣。
做好心理咨询的一个条件是：对所有人感兴趣。
南樵：对人有兴趣，关系之秘诀。

184. 从自己出发，才能成为自己；
从别人出发，不能成为别人，只能成为病人。
南樵：做自己太难，做别人不甘，就只剩下一条路：做病人。

185. 人生有三样东西：情绪、思考、行动。
关键在你的排列：行动第一，思考第二，情绪第三。
顺序颠倒则麻烦：情绪走在最前面，思考被遮蔽了，行动被搁置了。
南樵：直面医者强调这一点：事物当然很重要，孰先孰后亦重要。

186. 做得好我们喜悦，做得不好我们反思。
人生不能只有喜悦而没有反思——那样太傻；
人生也不能只有反思而没有喜悦——那样太苦。
这样看来，做得好也罢，做得不好也罢，都可以活得好——有喜悦，有反思，即是活得好。
南樵："做得到"不等于"活得好"，"活得好"不是"做得好才好"，"活得好"也包括"做得不好也好"。世人看重"做得到"，直面医者看重"活得好"。

187. 我们害怕，常常是因为我们想在任何事情上都做得最好，想在任何人面前都表现得最好。

当我们决定放下这个目标，害怕就会少一些，做事就会好一些，为人就会坦然一些。

南樵：直面医者说这话，许多人听得明白，但做不到。能听明白还能做到的人，就颇不一般了。

188. 世上有两种惨：一是“我没有做好”，一是“我必须做得最好”。后者更惨。

过一些时日你会发现，前者还在做，且慢慢做得好一些了；后者不做了，因为还在担心不能做到最好。

南樵：劳拉·珀尔斯（Laura Perls）说了一句话，不知多少人能读懂：Anything worth doing is worth doing badly！理解了直面医者前面的文字，就理解了劳拉后面说的话。

189. 来访者问：“因为有症状，我什么都不能做。你有什么办法可以一下子治好我的病？”

直面医者说：“有啊。我可以给你一个最好的方法，能够一下子就治好你的病。但我得先问你一个问题：如果我治好了你的病，你会去做些什么？”

来访者罗列诸多他可以去做的事。

直面医者说：“你现在就去做，你的病就好了。这就是我能给你的最好的方法。”

南樵：设想一下来访者当时的神情！直面医者看到症状的一个本质是：只想好，但不想做。如果靠想就能够好，神经症者就是最大的赢家，因为没有人比他们更能想。因此之故，直面医者提出了一个方法：以“做”替“想”。

190. 在一个荒僻之处，我遇到一群迷路的人。

了解了他们的情形之后，我对他们说："沿着与普通人类正好相反的路走上一程，你们才会找到自己的家。"

"听不懂。"他们说。

我解释说："比如，普通人类朝好的地方走，你们朝坏的地方走；普通人类朝高处走，你们朝低处行；普通人类求光亮，你们求阴影……这样走一段路后，你们的家就在眼前出现了。"

"还是听不懂。"他们又说。

直面医生又解释说："哎呀，你们的家，在一个光影交错的地方。"

南樵：直面医者常用比喻说话：这家，就是人的自我。当一个人一味求光，他就在光里迷失了自己；当一个人接受光影交错，他就在光影里找回了自我。

191. 从单一走到多样，就是蓬勃；

从相同走到相关，就是拓展。

南樵：单一与相同，是对生命成长的限制，这条路并不通向蓬勃与拓展。

192. 流动是生命的境界，允许自己流动是人生的态度。

在这境界与态度里都有一种流动，可以称之为勇气。

南樵：生命里有流动，流动里有勇气。不流动时就病了，不再流动时就死了。

193. 你可以不做心理学，但你不可以不学心理学。

这样，你就在为自己的生命建立一种深度，为自己的生活打开一个角度。

南樵：直面医者之劝导：学一点心理学吧，哪怕只是一点点。

194. 因为内心里太洁净，所以生活中怕感染。

南樵：症状里有一种对清洁的高要求、对脏乱的高敏感。可以说，症状是一种精神洁癖。

195. 成长是一路向前冲，妖魔鬼怪躲开。

症状是一直往后躲，妖魔鬼怪追来。

南樵：直面的力量与症状的惰性，由此可见一斑。

196. 要么成为第一，要么成为病人。

于是成了：既是第一，又是病人。

最后成了：只是病人，不再是第一。

南樵：直面医者考察症状的根源，发现了这样一种有趣的情形：关于"第一"与"病人"的悖论。

197. 一个人过去在生活中做圣徒，后来开始跟着生活做学徒——当纯粹的心灵与粗糙的环境发生了接应，疗愈与成长就发生了。

南樵：真正的生活，不在生活之上，而在生活之中。

198. 你扛着你父母，你父母扛着你，彼此都为对方活着，各自都活不好。

南樵：直面医者的发现：共生体家庭中的亲子关系模式成了症状的根源。

199. 她把世界分成两个部分：一个是害怕的部分，一个是不害怕的部分。

不害怕的部分叫活着，害怕的部分叫症状。

于是她的生活是：虽然活着，却有病；或者相反：虽然有病，却活着。

南樵：直面医者眼中看到的一部分人类：活在冲突里，活在牵绕里。

200. 症状以欲望为眼罩，蒙住了人的眼睛。

如同一个饥饿的婴孩只在乎奶，而看不到他的母亲。

南樵：症状只求立刻得到满足，但不管这满足是有益的，还是有害的，而它所选择的，常常是有害的。

201. 直面的治疗就是帮助人走出来、落下来——从里面走到外面、从天空落到地面。

南樵：因为躲得太深了、飞得太高了，就病了；从里面走出来、从高处落下来，就好了。

202. 直面的治疗就是帮助来访者从一个地方到另一个地方：从飞的体验到走的经验；从内心的煎熬到生活的磨炼。

南樵：当来访者愿意走这样一段路，疗愈一定会在过程里发生。

203. 因为被洗脑了，所以只求脑洞大开、通彻明悟的那一刻。

南樵：一个人求脑洞大开、通彻明悟，求了五年、十年，没有求来，还继续求下去，且更加急切了、更加执着了。这个人的一生就在脑子里度过了，现实里什么也没有发生，他的生命只成了一个飘浮在大地上的影子。这便是他为“那一刻”付出的代价，但他自己并不知道，或者也不肯知道。因为知道了真相，便会难受。直面的意图是：知道真相，你会改变；症状的遮蔽是：知道真相，你会难受。

204. 症状的特征之一：只在内心求纯粹，不肯到经验中去淘纯粹。

南樵：人生如沙石，其中有纯粹。那些到经验中淘的人，淘到了金；那些只在内心里求的人，求出了病。

205. 什么时候你能做到不强求自己，你就自由了；

什么时候你能做到不四处求安慰，你就长大了。

当你自由了、长大了，症状就对你无奈了。

南樵：症状是一种自缚，它有两根绳索：强求自己和四处求安慰。

206. 症状常常显示这样一种欲求：不甘做自己，想要成超人。亦即，不接受自身的普通性，想永葆自己的特别感。

南樵：纪伯伦堪称是一位直面医者，他说过一句话：创造众人的泥土，也是创造我的泥土。

207. 当一个人携带的共生体家庭文化密码被破译出来，他便做出了一个重要决定：先去解救自己，而不是非要做父母的拯救者。

疗愈即刻发生了！

这疗愈源自一个发现：过去一直不肯罢休的事情没有必要做下去了。

南樵：直面医者发现，有许多人中止了自我成长的进程，退回到家里去做父母的拯救者，他们有这样一些动机：一、把父母改变了，我就没有任何问题了；二、我的问题是父母造成的，父母必须为此负责；三、父母过去对我做错了，他们现在必须补偿我。结果是，他们没能成为父母的拯救者，反而把自己弄成了病人。

208. 症状有各样形式，但有一样本质：想让一切固定，害怕任何流动。

南樵：固定是成长的停滞，流动是生命的状态。

209. 与机器越相似，对人性越陌生。

二者的区别是：

人性求成长，机器求控制；

成长靠自然，控制靠指令；

人性有情感的温暖，关系为其血脉；

机器有物质的冰冷，零件是其构件。

南樵：直面取向的治疗是基于人性，反对把人异化为机器。

210. 在疗愈的过程中，我看到一个人走过了三个时代：独舞、拒舞、共舞。

独舞时代：把自己当成世界的中心，迷醉于自己的表演，让所有人为之喝彩。

拒舞时代：因为喝彩少了，甚至不被喝彩，便离开舞台，躲在一个角落，一直赌气，拒绝舞蹈，拒绝喝彩，愤世嫉俗，无所相信：一切都是骗人的，没有意义。

共舞时代：意识到自己不是世界的中心，而是人类一分子，从此不再独舞，而是与人一起跳舞。喜欢别人为自己喝彩，也真心为别人喝彩。

南樵：人生是一个舞台，在台上跳舞的人，走过了不同的时代。

211. 因为她小时候从未跟爸爸玩过游戏，现在她用这种方式跟爸爸玩起了游戏：

一天，爸爸从殡仪馆回来，她赶忙躲了起来。

听到爸爸的脚步声上楼了，她悄悄问妈妈：“爸爸走了吗？”才蹑手蹑脚从房间走出来。

第二天见到爸爸，想到他昨天去过殡仪馆，她“嗖”地又跑掉了。

……

原来，症状是一种迟来的游戏。

南樵：症状是一场过时的游戏，因为在该游戏的年龄没有适时地游戏。

212. 养育孩子只需要一个意识：让孩子慢慢长大，最终离开家、走向世界。

我的治疗无非是在父母内心里培育出这个意识，并提醒他们把这个意识落实到每一个言行中去。

南樵：因为没有这个意识，就会形成阻碍和损害的行为，孩子将为此付出成长的代价。

213. 我只想保留一个在我自己的事情上对父母说“不”的权利，这却很难。

为了让父母放心，我不能说“不”。

如果我对父母说“不”，父母就对我说：“你真没良心！”或者“你让我们好伤心！”

南樵：直面医者考察到文化中有一个最大的剥夺，就是对说“不”的剥夺，甚至在你根本意识不到这是剥夺时，你已经被剥夺了。症状就是这种文化剥夺的后果：太深的内疚感，持续的自我谴责。

214. 从小到大，父母要求孩子做一个天使，孩子暗自养了一个妖怪。

这一幕后来就发生了：孩子长大了，妖怪现身了，父母吓坏了。

南樵：面谈室里时常重复的一个对话——父母说：这孩子一直很乖，怎么突然变成这样？直面医者说：世上本没有“突然”，只是它在暗中发生时我们看不到而已。

215. 你在世界上跑来跑去，我在那里看你跑来跑去。

南樵：直面医者在描述这样一幕人生场景：你做的时候，你并不知道；我看的时候，我看明白了。

216. 我悄声对你说了一句话，

你的世界起了喧嚣，
你扭头看我时的样子，
仿佛受了惊扰，
你以最快的姿态转身离去，
我一阵惊愕之后已追呼不及……

南樵：直面医者在治疗过程中体验到的一个微妙瞬间。

217. 因为文化太旧了，他病了；
因为文化更新了，他痊愈了。

南樵：让人生病的，是旧文化；使人疗愈的，是新文化。直面的疗愈，就是让一个人经历自身的文化更新。

218. 要么必须活得最好，要么干脆死掉。
结果常常是：像死一样活着。

南樵：直面医者接触最多的人是这样的：要么活成超人，要么活成病人，就是不肯活成自己——成为一个真人！

219. 一个人有许多的麻烦，却有一个最大的优点，这一个优点一路过来打退了众多的麻烦，最终救了这个人；

一个人有许多的优点，却有一个最深的阻碍，那众多的优点克服不了这一个阻碍，最终这个人被打败了。

南樵：最大的优点会造就一个人，最深的阻碍会毁掉一个人。为了让人意识到这一点，直面医者会问：你最大的优点是什么？你最深的阻碍是什么？

220. 终于有一天，我在一种双面镜像的映照中看见了我是谁：
我有一个恒常而又流动的自己；

我有一个普通而又独特的自己；

我有一个严格而又活泼的自己；

我有一个持守而又变通的自己。

南樵：“我是谁”是长出来的，不是变出来的；“我是谁”是基于成长，而不是出自魔术。

221. 一个人为什么会陷入症状？

至少有一个原因：他太想非同一般，又不愿承担风险。

南樵：因为求“万全之美”，结果是“求全之毁”。

222. 我问来访者：“你对咨询有什么期待？”

来访者说：“我想让任何事情都不会勾起我的情绪。”

我说：“但我不能杀死你啊。”

她问：“什么意思？”

我说：“你想要的这个东西在坟墓里才有。”

南樵：人害怕情绪，就想杀死情绪，但情绪杀死了，人也不复存在了。

223. 或问：“心理咨询是做什么？”

我答：“做一场个人的叙事。”

又问：“然后呢，有什么好处？”

我答：“在叙事中发现自己，并且长大，变得明晓。”

南樵：叙事是人类一直以来使用的疗愈之道。

224. 攻击者常常是脆弱的人。

南樵：知道这一点，就不用怕了，也不用怨愤不解了。

225. 本身是病人，却不去寻求治疗，反而把自己变成治疗师，去治疗别人。

结果成了一个有治疗师身份的病人，不能医治别人，也误了自己治病。

南樵：当今中国社会乱象之一，在各个领域都有类似的情况。

226. 别人在做当下的事，你在想过去的事；

别人把当下的事做好了，你还在想如何改变过去的事；

别人创造现有的条件，你追怀过去的辉煌；

别人在预备自己的未来，你在威胁你的父母。

南樵：这里的“你”不是一个具体的人，而是一种人的典型。

227. 有些话父母没有说出来，因为知道会影响孩子；

有些话孩子没有说出来，父母也能够理解孩子。

能够意识到这两点，就是好父母。

南樵：话不必说，自有影响；话虽没说，也能理解。好父母与孩子有默契，一切尽在不言中。

228. 被你追捧的偶像半夜里来找我嘤嘤泣诉：我一无所有，想死……

被你忽略的普通人却满怀珠玑，他的眼神欣喜，在暗夜熠熠闪光。

南樵：心智幼小时，追逐外在的荣耀；心灵成熟时，回归内在的珍宝。

229. 一个国家让自己的人民为了生存而挣扎，人民就不再追求精神品质，就会失掉热忱、理想与创造力，就会变得愚笨而贪婪、麻木而狡诈、卑怯而残忍。

南樵：直面医者悲情相问：精神已陷落，民族何所立？

230. 如果你不明白象征，你怎么做心理治疗？

南樵：直面医者声称：症状本身就是象征。可笑的是，人们会把症状当成事实，并用物质进行着煞有介事的“治疗”——这背后一定有某种与治疗无关的意图。

231. 面谈结束，来访者激动地对我说：“推荐我来的人说你是中国心理咨询界的鲁迅。”

我说：“鲁迅是我们民族的直面医者，我沿着他的足迹走一条成为直面医者的路。”

南樵：说到底，直面心理学是为了帮助人们从逃避的路上回转，从此走一条直面的路。

232. 有人在我五十多岁的脸上看到一种婴儿的笑。

南樵：直面医者笑曰：这是可爱还是可怕？

233. 完美是对人最大的诱惑。

南樵：美目盼兮，巧笑倩兮。

234. 这个世界总会有人看不懂我们、看不惯我们，意识到这一点就成了我们对生活的预备之一。

南樵：如果在这一点上没有预备好，就会给自己平添诸多无谓的痛苦与挣扎。而在这一点上预备好的最高境界是：横眉冷对千夫指。

235. 父母不要太早为孩子太好和太高感到太骄傲——他的好可能是假装，是舞台上的表演，只是为了得到喝彩；他的高可能是被某种非自然的强风吹到高处，成了被条件化价值绑架的人，落不下来了……父母的骄傲变成了痛悔，父母的笑靥变成了泪水。

南樵：直面医者在咨询室里经常看到两样东西：孩子幼时太好了，父母现在流泪了。

236. 一个人看自身全是问题，急于解决所有问题，以为把所有问题都解决了，他就可以完美无缺了。

他这样做，是在给自己制造症状。

一个人看到自己的资源，充分使用这些资源，相信只有当他全面成长了，他就可以活出自己了。

他这样做，是在让自己变得优秀。

南樵：盯着自身的问题，就看不到自己的资源。为了变得完美想把所有问题都解决，就腾不出机会来使用资源让自己成长。

237. 每天，他都在吸收各样的滋养，从生活的各个角落收集一颗颗小种子，把它们种在自己的内心里。

“看你多么用心啊！”我对他说。

“你的话也是我的种子。”他对我说。

南樵：直面医者善用种子的比喻。

238. 不能单靠的是血缘，更加可靠的是相处。

南樵：直面医者说这话，意在提醒父母多跟孩子相处，而不是把血缘当成唯一保障。关系不是靠血缘，而是在相处中培育。

239. 她害怕时间，因而扔掉手表。

她的想法是，如果把时间固定下来了，就可以继续胡闹下去。

南樵：不管我们怎样回避时间，时间总会不由分说把我们拖走，让躲在症状中的自欺最终落空，只好出来面对人生的真相。

240. 我们不能欺负父母，因为他们已经忏悔。

即使他们还不明白，我们可以自己走开。

南樵：有时候症状就集中在一点上：不能放开父母，不能自己走开。而治疗就是要完成这个目标：放开父母，让自己走开。

241. 症状里常常有一种很深的自恋。

这自恋是在长期遭受剥夺与强求中养成的。

南樵：自恋看似爱自己，其实是在虐自己，是一种把自己封闭起来而对自己实施的虐爱。

242. 那天我去买鸡蛋，老板多找一毛钱，我心里一阵窃喜。

突然我意识到了："我多大了？我是谁？"

那天回到家我大哭，想到小时候妈妈走了，我在地上捡垃圾吃……

第二天，我回到市场，还老板一毛钱。

南樵：这是一位来访者的自述。直面医者看到，任何一个行为都可能有根由，而觉察在任何一个微小之处都可能发生。

243. 从云端到地面，总会有一些恍惚；

从不食人间烟火到初识人情世故，总会有一些茫然；

从做神仙到做凡人，总会有一些落差；

从症状到生活，总会有一些陌生。

南樵：直面医者说：有一条路总是要走的，这条路的名字叫直面。

244. 症状是一场自迷——最初是为了迷惑别人，最终让自己陷入迷局。

看啊，周围聚集了一群信以为真的人：有亲人的无奈和急迫，有医生的诊断如同真理。

不由分说中，他被送进了医院。

他环顾周围，内心充满惶恐："我怎么到了这里？"

这时再想回头，已来不及。

南樵：当你假戏真做时，会发现回头已来不及，因为在你周围充满了不知道的人，他们的反应跟你内心里的逃避做了一场里应外合。

245. 从"我最聪明"的迷雾里醒过来吧，这个早已过时。

南樵：直面医者看着他，心里说：你的同伴们早已长大了，你还在那里说"我最聪明"。

246. 过度批评自己的人，原来是想完美。

完美永远也达不到，批评便无尽期。

想完美的人，永远有理由批评自己。

南樵：直面医者又在提醒：为了完美而苛责自己，这不是谦逊，而是太不谦逊了！

247. 批评自己的人已无路可走，接纳自己才是一条新路。

南樵：旧路通往病人，新路走向自己。

248. 积羽沉舟，积毁销骨。

苛责自己的人，如同把自己的肉一片片割下来，剩下了形销骨立。

继续割下去，连骨头也不剩。

南樵：直面医者说：看啊，这是一种多么奇特的情况——我们对别人狠，别人会反击；我们对自己狠，自己不觉得。

249. 苛求完美的人，想一下子改变一切，想回到过去，飞到未来；

苛求完美的人，不肯活在这个世界上，不肯做人，只想做神。

苛求完美的理由是：别人让他们不高兴，世界充满了不确定。

南樵：苛求完美其实是一种回避：不肯直面有限的自己、陌生的他人、不确定的世界。

250. 人生在世，有三个条件无法回避：

人是不完美的，世界是不确定的，时间是不可逆转的。

接受者立身于世，不肯接受者遁入病中。

南樵：直面医者观看人性与世界，提出直面心理学的这三个基本假定。有人接受它们，因而立身于世；有人拒不接受，试图找到一条路逃避它们，最后“逃入病中”。

251. 因为不知道本质，所以我们的生活如同小狗兜着圈子咬自己的尾巴。

南樵：直面医者又观望人性与人生，发现不仅有苦，还很可笑，谁也逃脱不了。觉察的眼睛才看到本质。

252. 强求自己的人，他的行为就如同提着自己的头发想脱离地面。

南樵：觉察就是看我们自己在做什么。

253. 被征服的人最想成为征服者；

被控制的人最想成为控制者；

最受伤的人最可能成为伤人者；

最不安全的人最可能成为妥协者——为了安全做出任何妥协。

如果没有经历最深的疗愈和觉察，人怎能真正认识自己、成为自己？

南樵：直面医者凝视伤害，在伤害里看到一种置疑：人真的知道自己是谁吗？真的知道自己携带了什么吗？真的知道自己在做什么吗？当伤害经历疗愈，人便知道了。

254. 因为父母不明白，孩子才有症状；

只有父母成长了，孩子才有希望。

南樵：直面医者话语至简，领悟难，做到更难。如果在生活中做不到，就得到咨询中做到。

255. 有一万个活得好的条件，却为一个理由活得不好。

南樵：病即执着：执于一端，不见诸般。

256. 因为不会聊天，所以不能恋爱。

南樵：听了直面医者的话，许多人会呵呵，聊天竟然成了恋爱的条件啊！转念一想也有道理：要跟一个人相处一生，不能聊天，该有多苦！

257. 为什么还没有恋爱？因为不会聊天。

为什么不会聊天？因为对人没有兴趣。

为什么对人没有兴趣？因为怕浪费时间。

为什么怕浪费时间？因为觉得别人很笨。

南樵：直面医者笑了：笨的人满世界跑，成双成对；聪明的人躲在一隅，孤芳自赏。

258. 控制的行为是一样的，根源与动机却不同：

一个来自想象中的完美版本，为了实现一个目标叫“应该”；

一个来自经验中的不安全感，为了达到一个目的叫“保障”。

南樵：直面医者认定：“应该”是一个暴君，“保障”是一座囚牢。

259. 别人不知道你在哪里，我知道。

别人与我之间的距离，是你正在跋涉的长途——不是走远，而是接近。

南樵：直面医者说：因为差得太远，我成了你的长途。

260. 你不缺资源，你缺一条路。

南樵：在面谈中，直面医者了解对方诸般情形之后，会说一句话，然后沉默不语，把剩下的空间留给对方去做反思。症状里本来有丰富的资源，却没有通向生活的路，就成了废弃的资源。这些资源是不安全感多方收集来的，本来也有路，却被不安全感封住了。直面的治疗就是：修通一条路。而这项工程必须得到来访者的许可与配合，因为症状是他的症状，不安全感是他的不安全感，这些都必须他自己做决定去移除。

261. 好奇心里有动力，征服欲里有盲力。

受到动力与盲力的双重驱使，你劲头十足，沿路飞奔，跑向一个又一个人——竟然，他们是一个个坑。

你一次次跌入坑中，又奋力从坑中爬出来，独自舔你的伤，却不明白：这是怎么啦?

南樵：直面医者对你的提醒是：分清动力与盲力。

262. 不是消除它，而是把它用于适当之处。

你可以骄傲，当你知道在什么地方骄傲；

你可以害怕，当你知道害怕什么；

你什么都可以做，当你知道为什么做。

当你知道了，它一点都不可怕。

南樵：或问：这里的“它”是什么？直面医者答：“它”是你能够想到的任何东西，“它”可以通过任何东西对你说话。

263. 人生只要明白一样东西就可以了：你种什么，你就收什么。

过去种下的，现在收；

现在种下的，将来收。

南樵：直面医者解释说：人生有委屈，有惶惑，有激愤，大多是因为我们看不到这个，也不接受这个——你种什么，你就收什么。有时候，是因为太久了，我们等不到它的结果；有时候，是因为太深了，我们看不到它的工作；有时候，是因为太高了，我们达不到它的境界；有时候，是因为太复杂了，我们想不到它的奥妙；有时候，是因为它太久、太深、太高、太复杂，我们无法相信，也不敢接受。

264. 因为缺少辨识力，就失掉了许多真正的机会，大量耗费自己的能量，却永远不知道问题在哪里。

南樵：没有辨识力，人生如盲行。

265. 她只对自己有兴趣，对别人忽略不计，她与人没有关联。

世界于她是过眼的烟云，而她就成了大地上飘浮的影子。

南樵：别人反映我们自己的样子，世界延展我们生命的疆域。因为没有与人的关联，一个看不到自己；因为不参与世界，一个没有了生活。

266. 心理学无处不在，总要让人得益而用之。

南樵：一天，直面医者讲了一个自己的生活故事：在我家做钟点工的小于小时候受父母批评多、表扬少，早早就不读书了。她做事的时候常常问孙闻（我妻）：你看，我很聪明吧？孙闻说：王老师（指我）不总是说嘛，我们家最聪明的就是小于。每天，小于笑眯眯干活。

267. 来访者是一对母女。

女儿这样讲妈妈：“我跟她讲道理，她很固执，我永远都不能改变她。”

妈妈讲女儿，说了同样的话。

这母女俩各自都是一面镜子，能照见对方，却照不见自己。

南樵：直面医者自省：那么，这面镜子能不能照见我自己呢？

268. 关系的困难总是：一方想改变另一方，双方做着同样的努力，死磕到底。

南樵：死磕派！

269. 她长期生活在一个想当然的世界里，稍一出门就有许多“原来是这样啊”。赶忙退回去了。

后来，她给自己找到一个解释：“我有社交障碍。”

从此，她就安然地在那个想当然的世界呆了下去。

南樵：这就是直面心理学的理解：症状给人提供了一个合理的理由，让人回避生活的困难。

270. 在症状里呆得太久，雅的品质保不住了，俗的能力也发展不起来。

症状是在雅与俗之间进行的挣扎——挣扎越久，症状越深。

南樵：直面医者叹曰：本来不俗，却受到俗的诱惑；本来很雅，却对雅不敢坚持。

271. 当你开始接受自己，你就开始改变了——因为你是从自己出发；

当你永远苛求完美，你永远不会改变——因为你总从别人出发。

南樵：罗杰斯何尝不是一位直面医者，他说：改变始于接受。

272. 你的内部住着一个评判者，他跟你的关系是这样的：

他说你不好，你不高兴；

他说你好，你不相信；

他威胁你，你想亲近；

他亲近你，你很抗拒。

南樵：直面医者的工作包括让人看到这样的情况：这个评判者总有原型，后来内化成为我们自己——我们自己盯着自己，我们自己评判自己。

273. 如果你做得好，你就对自己说“我做得好”——虽然你做得并不完美。

因为你做得不完美，你一直对自己说“我做得不好”——那你什么时候能做得好？

南樵：我们永远不会做到完美，但我们总可以做得好一些。总是尽力做得好一些，又能够接受做得不到的地方，就构成了完整的生活。因此，荣格说：不是完美，而是完整。

274. 只有明白象征，你才可以解梦，因为梦以象征的语言呈现自己；

只有明白象征，你才可以做心理治疗，因为症状本身就是象征。

南樵：直面心理学有一个发现：症状乃象征。当我们明白它象征的意味，我们就看到自身与生活的实相。

275. 学习成了真理，真理就会害人。

南樵：直面医者朝社会观望，看到这样一个真相：学校把学习功课当成了真理，学生就在真理的强求之下受到损害。

276. 一个人怪，又不允许自己怪，就会一直怪下去。

南樵：症状缘自不允许——因为害怕，就想到了许多不允许的理由，就被这许多的理由困住了。

277. 你能够接受自己，你就长成了自己接受的样子；

你一直批评自己，你就一直是自己批评的样子。

南樵：你的样子，由你负责。

278. 有人按规则去练习，才能达到；

有人随心灵去探索，即可到达。

南樵：个中道理，有如渐悟与顿悟。

279. 生命的需求被忽略了，被剥夺了，被延误了，就造成了内心的空缺。

空缺处发出呼喊，要求完全的、立刻的满足，就形成了补偿的动机。

没有剥夺，就没有空缺；没有空缺，哪来症状？

南樵：症状是从内心空缺里产生的补偿要求，它的动机如此强大而具有暗示力，让人无法抗拒——所做的一切，全是为了满足它。它让人陷入盲目——除了这个欲求，根本看不到其他。

280. 你装鬼，本意是吓唬别人，却把自己吓着了，并且信以为真；

你又装鬼，本意是吸引别人，却把人吓跑了，因而陷入孤独。

南樵：症状有时是一种装鬼的行为：别人看你一眼，吓跑了；你看自己一眼，吓坏了。

281. 明白了，就自由了。

但明白最难——其难不在能力，而在意愿。

南樵：直面医者说：这是何等可贵的应许，又是何等艰难的旅程。

282. 有一个四岁的小女孩，到了一个陌生的环境就一直哭。

我走过去问："这个小姑娘是谁啊？你长得这么好看为什么哭？你看

選擇直面會一時不舒服，
採取逃避會一直不舒服。

——王學富

我长得这么难看都不哭。”

这是一组随意组合的问题，却转移了她的注意力。

她的眼睛看着我，她的小脑袋在想，而她的心灵——在不意之间——接受了我有意播下的一颗种子。

南樵：你以为心理咨询是什么？这就是。你以为心理咨询在哪里发生？在任何地方。

283. 症状就是一个人把自己囚禁在头脑里，脱离了心灵，脱离了身体。

治疗就是帮助一个人从头脑走向心灵，且尽可能向其本能开放。

南樵：生命的蓬勃是头脑、心灵、本能的合力——本能开路，心灵主打，头脑殿后。

284. 因为关系中情感的内容太少，

所以关系中伤害的部分永驻。

南樵：伤害是情感的伤害，疗愈是情感的疗愈。

285. 如果我不敢真实，我如何活出自己？

如果我活不出自己，我如何交到朋友？

南樵：敢于真实的人，既活出自己，又交到朋友。

286. 你对别人太好了，但那是假好；你对自己太狠了，那却是真狠。

南樵：在面谈室里，直面医者见惯了对别人假好、对自己真狠的人。

287. 我听见两个人在争论，一个说：“只有一个标准。”另一个说：“没有任何标准。”

我凑近一看，他们皆面目模糊，原来是两个没有自我的人——一个以绝对主义为攻击之矛，一个以相对主义为防御之盾。

我决定不跟他们说话。

南樵：听直面医者讲述的故事，仿佛看到一个场景：有两个人，一个执矛，一个执盾，战三百回合。然后交换武器，再战三百回合。我不要靠近，以免溅一身血。我还得赶路，要在天黑前到达我的目的地。

288. 那些天性简单的人，对庸俗有很深的迷恋；

那些心灵深邃的人，却持守着做人的简朴。

南樵：或问：为什么人们会迷恋症状？直面医者答：因为症状如庸俗一样让人着迷。又问：是什么人对症状如此迷恋？直面医者答：迷恋症状的人总是那些心灵过于单一的人。

289. 被宠坏的孩子难以摆脱自我中心，

他的感受不能从自身延伸到他人。

南樵：那些受压抑又被宠坏的人一定会遭遇关系的麻烦：因为不能够移情，所以得不到友情；因为走不出自己，所以交不到朋友。

290. 没有整合的人有许多片面，每一个面都呈现出一个自己，却又不是自己。

达到整全的人形成了全面，他呈现的是自己根本的样子，那就是他自己。

南樵：在直面医者看来，成长就是：经历整合，成为个体。

291. 自我不够明晰，关系没有边界，会过度体谅别人，却不是同理心。

南樵：有些东西，看上去很像，但根本上不是；有些东西，看起来是有益的，却在暗中损害。关键要看它是不是真实的。假象总是很好看，因为它把功夫都放在装饰上，不是让人得益，而是谋求私利。

292. 只看到联结中有善意，这是局限，甚至是盲目。

能看到拒抗中有善意，才是一种觉察，且成熟。

联结中的善意，是本能的善意；

拒抗中的善意，是独立的善意。

南樵：直面心理学有两个核心点：联结与拒抗。联结是为了自我成长，拒抗是为了成为自己。

293. 父母无力却有心，对孩子是自然的助益；

父母能干却无为，对孩子是莫大的祝福；

父母无能却压抑，对孩子是逆天的伤害；

父母强大却控制，对孩子是无妄的灾难。

南樵：父母对孩子的影响，可能是命运般的影响。

294. 在中国，心理障碍常常在高中时期（也有更早者）爆发出来，但在此前已有根由。

它常常表现为一种回避模式：把环境变成无法忍受的，然后拼命要从环境中逃离。

这可能成为持续一生的模式，在当事人应对每一个陌生环境时反复采用。

南樵：我们欢庆教育的“成功”，却忽略它背后的“损伤”。

295. 有一对父母跟他们的女儿捆绑在一起，形成一种共生体关系。

于是他们的女儿病了——病于无奈。

也是在万般无奈之下，我对这对父母说：“你们的女儿要好起来，有两个条件：一、你们死了，她便好了；二、你们跟她分开了，她便好了。

麻烦是，前者你们不能做，后者你们不愿做。”

南樵：在文化觉醒的意义上，直面医者是“敲打铁屋子的人”——他大声疾呼，用力敲打“铁屋子”，想唤醒在里面沉睡的人。问题常常是，“铁屋子”装扮得很美，外面写满了爱，在里面睡的人不愿醒来——因为害怕，甚至装睡。

296. 你不是朝前去迎接人生的战斗，而是回头来跟父母战斗。

然而这是一场无法胜出的战斗——你胜利了，那是假胜利；你失败了，那是真失败。

南樵：直面医者跟来访者探讨：不只是战斗，更是选择在哪里战斗、跟谁战斗。结果大不一样：选择出去与人生作战，结果是成长；选择回来与父母作战，结果是症状。

297. 奶奶养了一只白母鸡。它很乖，每个人都喜欢它。但小偷把它抱走了——因为太乖，叫都不叫一声，才抱走的。

我就是那只白母鸡，从小就很乖，每个人都喜欢我。后来症状就把我抱走了。我想叫一声，却叫不出来。

在医院，他们把这叫抑郁症。

到你这里来咨询，我才开始想：“我怎么会得抑郁症？”

南樵：一位苦苦挣扎的“抑郁症者”对直面医者说了上面的话，直面医者惊叹她本身具有的悟性，也感慨她长期形成的惯性。有时直面医者心里也起了郁闷，想大呼一声：去他的抑郁症！鬼才相信。

298. 我说正，你说反；我说反，你说正。最后就成了反正都不行。

平常，你就是这样跟自己玩正与反的游戏，把自己玩糊涂了。

南樵：直面医者遇到一个个玩游戏的人：最开始，他在生活中跟别人玩正与反的游戏，别人说他：怪人。到后来，他在头脑里跟自己玩正与反的游戏，他说自己：病人。

299. 你的思维里有一个东西叫两全其美，它的功用是为你制造逃避的理由。

南樵：直面医者时而揭秘：为了达到逃避的目的，必须有一个逃避的理由。症状即逃避的理由。这是直面心理学的洞察。这个逃避的理由在人情世故里难以找到，但在潜意识里可以找到。症状是潜意识的礼物，这是弗洛伊德的发现！因为这个发现，弗洛伊德就成了伟大的直面医者。当现实变得惨淡的时候，直面者选择面对的理由，逃避者选择回避的理由。

300. 你是知道的，但你做不到。

因为做不到，你就把自己弄得不知道。

因为你明白自己不知道，你就心安理得地让自己做不到。

南樵：直面医者也开了一句玩笑：你就一直玩下去吧，看症状会怎么收拾你！

301. 共生体关系不会培养出成熟的爱，却会滋生极深的恐惧。

一方非常害怕另一方会死，因此不愿分开。

但这不是出于爱对方，而是害怕对方死了，自己也活不下去了。

南樵："共生体关系"是直面医者提出的一个家庭文化概念，用来揭示中国家庭中普遍存在的一种互相依赖的关系，特别表现为父母在养育孩子的过程中，对孩子过度保护、包办代替、限制孩子的经验，并把自己的经验、价值、情感、情绪、观念、行为模式强加给孩子，使孩子不能长成独立的个体，反而成为依赖父母的依存体。直面医者呼吁：家庭养育的真正目标，是让孩子与父母分离，渐渐长成个体。

302. 医生的记录是，我当时扼着自己的脖子，大叫说"鬼要杀死我"。

原来鬼是我自己。

在医院里，他们把这称为躁狂症。

南樵：诊断模式是看人类行为的一个角度，它可能是一种刻板眼光，甚至会变成一种损害行为。

303. 有两种忧郁：

因为自己的欲望未能满足而忧郁，这忧郁透露的是地狱的阴影；

为了给他人谋福利受阻而忧郁，他的忧郁就反射出天堂的光辉。

南樵：忧郁的形式大多相同，根源与目的并不一样，意义也不一样。

304. 我在那里倾听她的叙事，她在叙事中回归本真。

南樵：直面的方法，也是一种叙事的方法，让一个人在自我叙事中回归自己。

305. 因为没有找到自己的土地，她一直在飘……

当她经历了整合，渐渐变得整全，就成了一棵树，可以在任何一片土地上扎根，不再从生活中飘离。

她明晓了，流下泪来，说："我的土地……"

南樵：直面医者一路遇到许多人失掉了自己的土地，他所实施的治疗，就是让人回返自己的土地。

306. 直面医者的目标是让自己成为不必要的人——从被来访者需要走向不被来访者需要，直到永远不再被来访者需要。

如果一直被需要，直面医者的医治工作就没有完成，甚至是失败了。

南樵：心理咨询不是商业，因为它不要永远的客户；心理咨询不是政治，因为它对来访者没有任何权力；甚至，心理咨询也不是教育，但要完成教育未能触及和实现的那部分工作——不是教导，而是疗愈。

307. 伟大的医者必定有伟大的心灵。

医治的奥妙不在技术，而在心灵。

心灵能产生技术，技术却不能生产心灵。

南樵：真正的疗愈来自伟大的心灵，人类历史上一直都有伟大的疗愈者，他们有一个共同的名字：直面医者。

308. 在家庭系统的代际传承里，你最痛恨那个伤害你最深的人，他也是跟你最亲、最爱你的人。

但你不知道，你最可能变成他，并且用他的方式对待跟你最亲，也是你自以为最爱的人。

只有真正的觉察才能终止这种“受伤者会伤人”的循环。

南樵：直面治疗的核心是疗伤，当伤害得疗愈，觉察才会发生，伤害才不会继续。

309. 有一人有意来跟我学直面之法。

一天她带弟弟来跟我谈话。谈话之后，她弟弟开始改变了。

事后她对我说：“你太厉害了。”

我说：“我教你啊！”

南樵：说完这话，直面医者想到周星驰电影里的对话。

310. 她说：“生活好无趣……”

我说：“有一个孩童，她离开了家，但不知道自己要到哪里去，就沿路找蚂蚱和蝴蝶玩。后来，蚂蚱藏到草丛里去了，蝴蝶飞走了，她觉得无趣，就站在那里哭了。”

她说：“那就是我。”

南樵：因为没有自我，就没有家，就不知道要到哪里去，就感到无趣。

311. 或问："为什么我一直活在过去？"

我答："因为你的文化没有更新。"

南樵：文化不更新，个体会有症状，群体也会有症状。心理症状本身就是文化没有更新的体现。

312. 别人说我好，我就在心里说："你不知道我的不好。"

别人说我不好，我就在心里说："你不知道我的好。"

相反则麻烦：

别人说我好，我也以为自己好，就好到天上去了，摔下来很惨；

别人说我不好，我也自以为不好，就坏到地狱里去了，爬不上来了。

南樵：直面医者追求的境界：宠辱任由他人，平衡自在我心。

313. 社会要给老实人一个最根本的信念：勤劳致富。

破坏了这个信念，就破坏了社会公平的基础。

南樵：一天，直面医者听一位修车店老板讲述他生意上的艰难，便有了这样一个感慨。

314. 当你意识到了，你就有了自己的种子。

但你还得在你的土地上耕耘、播种、培育、护理，那里才有出产，你才有收获。

如果你意识不到，你就是一个没有种子的人，在自己的土地上游荡，无所种，亦无所收。

南樵：直面医者有一个发问：你意识到了吗？如果意识不到，疗愈不会发生，成长不会发生。

315. 我成了人生的落败者，我那脆弱的小心脏已被他们捏碎。

南樵：来访者的一句话，也会震颤直面医者的心，因而感慨：一个人的落败可能从很早就开始了，始于他的心脏受损。一个养育者最需要有的一个意识是：我的孩子是有心脏的！伤了孩子的心脏，就伤了他的情感，就造成了他人生的落败。

316. 梦想是有力量的，只有热情可以焕发那力量。

因此，对你最重要的，一是梦想，二是热情。

南樵：有一种力量，许多人放弃了，直面医者会激发它：保持梦想，永远热情，你会走到想去的地方。

317. 症状是资源放错了地方，治疗就是帮助人把资源放到一个对的地方。

南樵：症状者本来可以骄傲，因为他有多于常人的资源。可惜的是，症状者只是拿资源做表演，为了得赞赏，而忘了自己的需求，不知道用资源去进行个人的创造。直面医者常言：症状是资源的浪费，如同一个人在野草上施肥。直面医者内心里充满了悲惜，他的工作就是让人生少一些可惜。

318. 万事皆有奥秘，关系也有奥秘。

只有你真正喜欢一个人，你才会进入那奥秘，与之合一。

如果你只是利用那个人，把对方当工具，你便与之分离。

南樵：直面医者谈到一种自由：如果是出于真诚，你几乎什么都可以做。

319. 当一个人对自己有了深深的反思，他就对生活有了真正的领悟。

南樵：不真诚的人，不会真正地觉察。因此，不真诚者，也是自迷者。

320. 我开始担忧我们的民族，因为我看到太多爷爷奶奶养大的孩子。

南樵：直面医者解释说：不是绝对不可以，而是实在太多了。探索症状背后的根源，发现太多这样的情形。直面医者大声疾呼：这才是一个国防课题。

321. 比较的心从内部削弱了自己，让生活变成了一场自虐。

南樵：用比较心来刺激自己，让自己变得强大，最终会失掉自我，让自己变得虚弱。症状是一种不当的自强，让人陷入不断的自虐。

322. 神经质是一种搅拌着痛苦的天赋，它可能走向创造，它可能走向症状。

南樵：走直面的路，通向创造；走逃避的路，通向症状。

323. 放松不是终究之计，应对才是长久之策；

逃避不是终究之计，直面才是长久之策。

南樵：放松与逃避，皆是权宜之计。一不小心，症状就在这“权宜”里生长出来了、维持下来了。

324. 因为不能对自己好，就不能对别人好。

因为不能跟自己建立好的关系，就不能跟别人建立好的关系。

装着对自己好，装着对别人好，就不能从关系中得到真正的满足。

南樵：不管对自己，还是对别人，首先要真，然后要好，这才是“真好”。

325. 这对父母是这个世界上最精明而强大的成功者，他们把女儿的成长空间完全覆盖了，给女儿造成这样的结果：二十六岁的年龄，六岁的心态。

在面谈中，这个女子悄悄对我说：“我妈又笨又傻，我爸是丑八怪。”

这时我的心已满是悲惜。

南樵：父母对孩子保护过多、包办太多、溺爱太多，孩子就长不大，就长不出主见，就长出了一种错位，就长出了一种虚妄。

326. 那些在恐惧与竞争心驱使下拼命学习、追求单一目标的孩子，他们生命中的缺失真的有机会弥补吗？很多人根本都意识不到有什么缺失——父母意识不到，孩子也意识不到，因为他们很快又被成功（如学历、荣誉、身份）遮蔽了。我看到一种对照：外面的装点实在太可爱，内在的缺失实在太可惜。

南樵：最光亮的成果在展览台上亮相，最痛苦的眼泪在咨询室内流淌。

327. 身体的病总有治不好的，因为生命是有限的；

心理的病没有治不好的，因为成长是永远的。

南樵：常常令直面医者悲惜的是：人们太想活得长，却不那么想成长得好。

328. 孩子的“症状”常常是父母盯出来的，送到医生那儿一诊断，就固定下来了，从此吃药，关在家庭里不出门，最后就变成了终生的病。

南樵：这是一场合谋的结果，父母不知道，孩子也不知道，从此不再寻求，也就没有机会。

329. 症状就是：盯着一个点，忽略一个那么大的世界；

疗愈就是：看到一个那么大的世界，忽略那个点。

南樵：你用眼睛在看什么，你看到的对你意味重大。

330. 用心学习心理学的家长，懂得如何培育孩子成长。

没有条件学习心理学的家长，就放手让孩子自己成长。

不学习心理学又不放手的家长，他们的孩子没有空间成长。

南樵：父母学点心理学，懂得放心和放手，这成了他们孩子的福气。

331. 我把胡闹的儿子骂了一顿，没有在他心里产生记恨，因为我们的关系里有很多的经验。

他向很乖的女儿白了一眼，就在女儿内心留下伤痕，因为他们的关系里有很深的隔膜。

南樵：只在行为表现上做比较，会惶惑不解，因为不知道行为背后的诸多原因。任何地方都存在这种情况：内行看门道，外行看热闹。

332. 或问："我在梦中看见山顶上有一幢别墅，怎么才能知道那是不是我的？"

我答："很简单。这就看你在生活中有没有找到一条通向那幢别墅的路。"

南樵：所有人都有自己的梦，但不是每个人都有一条路；所有人都想有一条通梦的路，但不是每个人都会认路和铺路。

333. 难过就难过，快乐就快乐，说话就说话，吃饭就吃饭，这就是自然。

别人是别人，我是我，别人做别人的事，我做我的事，这就是自主。

生活是艰难的，有时是乏味的。能接受这些，会快乐一些，这就是成熟。

南樵：基于自然，发展自主，走向成熟，全矣！

334. 你做对了，不会所有人都赞同；

你做错了，不会所有人都反对。

明白这一点，你就自由了：想做什么，放手去做，与人无关，自己负责。

南樵：许多人在“期待所有人赞同，害怕任何人反对”中把自己弄得一事无成。

335. 知道自己很行，这就可以了。

最终也只是这样，岂有他哉！

南樵：因为行，所以行。何必管那么多！

336. 别人的看法没有你自己的看法重要，太在乎别人的看法的人，最后失掉了自己的看法。

南樵：本来，每个人都有自己的看法，但在成长过程中，有些人的看法被压抑了，甚至被取代了。最后，他们选择症状作为自己的看法——用以摧毁父母的看法、老师的看法、周围所有人的看法。因此，症状是没有看法（或者有看法不敢坚持）的人的武器。

337. 好深的母腹情结。好多孩子被吞吃了。好让人悲伤。

是为“三好”。

南樵：此“三好”非彼“三好”。彼“三好”是赞扬，此“三好”是悲惜。

338. 有天分，却不成熟，还不如没有天分，却成熟。

前者是神经症者的劫数，后者是普通人的福分。

南樵：不是成为天才，而是走向成熟。但二者并不对立，劫数自有解法，成熟可致天才。

339. 因为在不适当的时候太乖，所以在不适当的时候胡闹。

南樵：小时候太乖，长大了胡闹。

340. 纯粹不一定在纯粹的地方，它可以在任何地方，包括在粗糙的地方。

纯粹不是一下子发现了，它常常隐藏在粗糙之下，不轻易显露自己。

南樵：追求纯粹本没有错，错在追求纯粹的方式——症状是以错的方式追求纯粹，而伟大的创造者找对了追求纯粹的方式。

341. 状态好的时候，就享受那好；

感到低落的时候，就低落地走过。

南樵：话虽普通，却美且真。

342. 不是悲哀地活着。

不是悲观地活着。

而是悲壮地活着。

南樵：每个人都可以选择做一个英雄。

343. 众人开花的时候，我独自不开。

不是故意不开，而是时候未到。

众人凋谢的时候，我独自开放。

不要侧目惊讶，因为时候到了。

南樵：有自我的人敢于独特，但不是故意特别。

344. 保持你的三高：高雅、高贵、高傲，

并接受你为三高付出的代价：孤独。

南樵：任何一种高品质，都要付出高代价。

345. 我犯的错误是：过去太依赖他，没有让自己成长。

南樵：直面医者对来访者说：但你现在有了觉醒。

346. 当我从心底发出感恩，我就知道该怎么做了，我就确认了自己。

南樵：直面医者看到：一个人在感恩中明悟了。

347. 比较心最重的人，最不知道自己是谁。

南樵：因为他的眼睛都在看别人，就看不到自己。

348. 症状里有一种任性：要求世界成为我的家；

成长里有一个目标：要把我的家变成世界。

南樵：养育孩子的方式是：把自己的家变得像世界，而不是把世界变得像自己的家。养育孩子的目的是：让孩子从家走向世界，而不是从世界走回家。

349. 一个有尊严的人，也会被打败，但不会被欺负，至少不会感觉总是被欺负。

南樵：总感觉被欺负，是不健康的心态，缘自对世界扭曲的反映。一个家不要总对孩子说：别人欺负我们。一个国家不要总对人民说：别人欺负我们。如果真的有欺负发生了，就直接应对，直面之。

350. 因为从小一直没有玩游戏，长大了就找到一种游戏拼命玩……

这游戏叫症状。

南樵：玩耍是心理健康的条件。具体说来，为了让孩子心理健康，就要让孩子有充分的玩耍。

351. 因为小时候玩少了，所以长大后生病了。

南樵：许多家长无法理解直面医者的这个说法：孩子出了问题，是因为玩少了。因此，当直面医者对家长说：让孩子多玩一点儿。家长要么听不懂，要么听不进，要么做不到。

352. 如何停止某种不断重复的强迫行为？

第一，觉察它，知道你想要什么；

第二，找到现实的、合理的、多样化的方式去满足你的需求，而不是寄望于某物或系情于某人。

南樵：因为没有得到真正的满足，才找到一种方式不断重复，这便是所谓的强迫行为。

353. 我以前有事，总是去问别人，却不明白；

我现在有事，开始问我自己，就明白了。

南樵：凡事必先自问，而后问人。自己明白了，就不必问人。还是不明白，再去问人。

354. 她在讲述中得了疗愈。

南樵：罗杰斯发现了这个奥秘，并把它发展成为一套治疗体系，它的操作方式就是：你讲我听，疗愈自然发生。

355. 我对来访者说：“你内心住着一个医生，叫内医，而我是你的另一个医生，叫外医。当你来接受心理咨询，这两个医生（内医和外医）就在一起协商如何让你好起来。”

南樵：直面医者回答来访者：不是我能让你好起来，而是你心里想好才好了起来。

356. 演员在舞台上表演，至少是谋生。

而你在生活中表演，是为了什么？

南樵：没活出自己，就做了演员，把生活变成一场表演。直面医者发问：为了什么？

357. 别人赞扬你，你做得好。别人批评你，你也做得好。这样，你就可以活得好了。

南樵：活得好的条件是：不管是赞扬还是批评，你都做得好。因为你达到了自由，即不必仰赖于人，也不必善假于物。

358. 累？

总累？

怎么累？

怎么总是累？

怎么总说活得累？

怎么活才弄得这么累？

怎么活才可以活得不这么累？

如果可以活得不累，为什么一定要活得累？

南樵：来访者说累，成了习惯。直面医者问累，促其反思。一串问话整理出来，竟成了一级级台阶。最高处是累，沿级而下，走到最基础的地方，就完成了一场反思，便达到了不累。

359. 一个有自我却没有我执的人。

一个视你如他自己并帮助你成为你自己的人。

一个用各种方式——有些方式看上去正好相反——爱你的人。

一个最珍惜自由并且最关心你怎样获得自由的人。

一个不在乎你在做什么但最在乎你是否知道自己在做什么的人。

一个愿意为你做许多却不指望从你的回报中获得满足的人。

一个有缺点却敢于真实并尽力帮助你活出真实的自己的人。

南樵：一个直面医者所追求的生命境界！

360. 有人问我："我没有心，如何长心？"

我回答说："下面有一些陈述，你看哪个是可能的？

一、做个梦，心就长出来了。

二、高人给一个办法，你的心就一下子明白了。

三、世界上存在一种长出心来的魔法，你去找到它就行了。

四、发生了一件重大的事情，你一夜之间成熟了，心也长出来了。

五、投身于生活，发现在与人交往里、在做事里、在学习里，都隐藏着长心的机会。"

听完这些，她说："第五个陈述是可能的。"

我说："你看，你已经开始长心了。"

南樵：长心之方。

361. 当我们的心被不适当的欲望遮蔽了，我们就成了不过心的人。

过心的人接受好的话语，播种下来，不过心的人任凭鸟儿把种子叼走了。

南樵：心是土地，欲望是荆棘，话语是种子，鸟儿是不用心。

362. 爱自己的人不应付自己，爱孩子的人不应付孩子，爱生活的人不应付生活。

当一切都成了应付，就没有真爱了，就不能培育了，就停止成长了。

南樵：不是应付，而是真爱。

363. 你不停说话，这阻碍了你的心；

你不断流泪，这阻碍了你的感情；

你只在乎自己，不在乎别人，这阻碍了你的关系。

南樵：如果没有了心、没有了感情、没有了关系，我们还有什么？

364. 一个没有自我的人在找不到依附对象时会发出这样的感慨："活着有什么意义？"

南樵：在咨询室里，直面医者常常听到这样的感慨：活着有什么意义？但直面医者知道，感慨者关心的不是有没有活着的意义，而是有没有依附的对象。这时，心理咨询不是帮助他去探索意义，而是帮助他去寻求独立。

365. 不健康的关系很吓人：要么虐人，要么自虐，要么虐人又自虐；
健康的关系很简单：既不虐人，也不自虐。

南樵：关系的麻烦在一个字上显露出来：虐。

366. 语言泛滥，心灵却贫乏。

南樵：那么，心理咨询就是让语言与心灵匹配并合作。

367. 一个人允许自己一点点好，他就会一点点好；
一个人强求自己一下子好，他就一直不会好。

南樵：疗愈与成长的一个奥秘：强求，问题就来了；允许，事情就好了。

368. 许多人问我："做心理治疗有什么奥秘？"我说："有啊，看你能不能听懂。"

于是我说了以下的话：

"一个人本来比别人高，但他趴在地上。他说：'看哪，别人太高了。'
因为趴在地上，他不意受了践踏。他又说：'看哪，世界太可怕了。'

他爬到我这里来，问我怎么办。我对他说：‘你站起来跟我说话。’他不肯，说：‘我没有那么高。’

我就趴下来跟他说话。我说：‘你不像你期待的那样比所有人高，但你也不像你以为的那样比所有人低。’

说完我站了起来，他跟着我站了起来。”

南樵：直面医者讲奥秘，能够听懂有几人？

369. 神经质的人常常会体验到一种错位：他看见别人看不见的，别人看见的他看不见。

如果他不接受这种错位，并为之烦恼、焦虑，想立刻消除它，就开始走进神经症。

南樵：从神经质到神经症只需要一个态度：不接受。从神经质到创造力也只需要一个态度：接受。

370. 有人追求超绝于他人之上的纯粹，导致了隔绝；

有人拾捡散逸于生活之中的纯粹，获得了资源。

南樵：纯粹不在“之上”，而在“之中”；纯粹不是“绝缘”，而是“随缘”。

371. 在你身上有暗藏的宝贝，别人并不知道。

你自己知道就行了，也不必与别人言说。

南樵：直面医者随时帮助人发现隐藏于自身的宝贝，对方常常很惊讶，因为他并不知道，也未曾想到，更不敢相信。

372. 我说：“在你身上有一个隐秘的宝藏，你不知道，也不相信。因而，当它出现了，你反而被扰乱了。”

她说：“我有吗？”

我说：“你来找我，是因为你被扰乱了。我跟你说话，是为了让你看到它，确认它，回头来安守于它。”

她说：“好深奥啊！”

我说：“你本是深奥的，只是你并不明白你的深奥。”

她说：“但我是高兴的。”

我说：“你本配得，且自高兴。”

南樵：看似不明白，实为不习惯。相信了，确认了，就可以把内在的资源活出来了。

373. 学习是一个强盗，掳掠了许多人的童年，临走时扔下一张成绩单。

父母看到成绩单，高兴地笑了。

南樵：在中国，有多少愿意以孩子的童年换取成绩的父母！

374. 在你身上有一个隐密的宝藏，那个能够帮助你发现它的人，才是你的医治者。

南樵：找到宝藏有两条路：一、让自己去寻找；二、让自己被发现。

375. 我们正穿过岁月的迷雾，开始觉醒！

南樵：经历疗愈的人，仿佛梦中醒来。

376. 你是一个认真的人，但你要学会一件事：把认真放在适当的地方。

放对了地方，是创造；放错了地方，是损耗。

南樵：症状里有一种认真，却是在错的地方认真。

377. 不知道自己是谁的人，常常在生活中跑错了地方。

南樵：因为跑错地方，落得一脸尴尬。

378. 成熟是一种整合，叫包罗万象；
成熟是一种协调，叫光影交错；
成熟是一种均衡，叫错落有致；
成熟是大自然向我们呈现它自身的样式。
南樵：直面心理学治疗的三要素：疗愈伤痛、获得觉察、走向成熟。

379. 一个人飘到了很高的地方，不知道自己是谁了。这叫虚妄。
南樵：他不是用脚一步步走上去的，而是借着一阵风一下子飘上去的。他不能安居，随时会跌落。

380. 有一种创造世界的语言，是从特有的生命品质里长出来的；
有一种分享世界的语言，是从丰富的人生经验中长出来的。
南樵：我们跟世界打交道的方式，是创造与分享。

381. 情商是表达情感的能力与处理情绪的能力。
有情商的人既悦己，又悦人，人亦悦之。
南樵：最简洁的说法。

382. 成人的幼稚是：傲慢与浅薄携手而行。
南樵：直面医者一路走来，遇到许多幼稚的成人。

383. 当我们抢着说话，我们的心就默默走开了。
南樵：静默育心。

384. 当别人说你好，并不是说你一切都好；

当别人说你不好，并不是说你一切都不好。

弄明白这一点，你就算成熟了。

南樵：相反则幼稚。

385. 我问了来访者一个问题，来访者很愤怒。

我的问题是：

“你是没有工作还是没有去工作？”

我又问来访者一个问题，来访者又生气了。

我的问题是：

“你做一个决定全世界都要赞同吗？”

南樵：有时候，这就是直面医者的态度：知道对方会生气，有些问题还得问。

386. 最听话的孩子成了牺牲品，最胡闹的孩子活得很自在。

南樵：听起来好冤啊，但个中原委要弄明白。

387. 万事的起点是：认识你自己；

万事的终点是：成为你自己。

南樵：止矣斯言！

388. 在症状里人会反复做两件事：

一、要求生活：应该这样！

二、抱怨生活：不应该这样！

南樵：生活常常不是“应该”的样子，人生则要应对“不应该”的情形。

389. 问题在这里：原生问题被转移成次生问题。

原生问题是自然的问题，直接处理即可；

次生问题是转移的问题，让人摸不着头脑。

有一个来访者这样说明转移是怎样发生的：

“小时候，有一个玩伴欺负我。妈妈语重心长地对我说：‘所以啊，孩子，你要好好学习啊……’

这样的转移发生多了，我就发展出了症状。

这症状妈妈不明白，周围的人都不明白，我自己也不明白。

当我发展出症状，我不断对自己说：‘我给自己买一个包就好了。’

一些年来，我给自己买了许多个包，但我的症状还在。

于是我来到直面（心理学机构），我找到了直面（心理学疗法），我体会到直面的意思原来是：是什么就认定是什么，不把它当成别的什么。”

南樵：直面医生时而会遇见具有这般好悟性的来访者，立刻体会到金圣叹的“不亦快哉”。

390. 症状有三条绳索，套住了一个个聪明的人：

一、完美的欲求。

二、单一的视角。

三、太强的比较心。

南樵：症状这样教导：盯着一个目标不放，走到一条死路上去。

391. 这世界有两种人：一是看透俗的人，一是看不透俗的人。

看透俗的人觉得俗没什么意思，他能俗，却选择不俗；

看不透俗的人，却喜欢俗，俗得很累，还乐此不疲。

南樵：谈起俗来津津乐道，便是一个看不透俗的人。

392. 圣人所否定的东西，可能是我们的阶梯；

圣人所达到的境界，可能是我们的虚妄。

南樵：不必成为圣人，但可以成为人。

393. 我们都是盲人，人生如同一场盲行。

我们愿意为别人做点什么，那使盲人有了一根走进关系的手杖。

什么都不肯付出的人，连手杖也没有，在这个世界上寸步难行。

南樵：因为不能付出，人走进了症状；从此学会付出，人走进了关系。

394. 通过对话，直面医者与来访者建立了关系。

经历疗愈，来访者不再独语，不再私语，不再自语，不再无语，不再失语，不再妄语……

南樵：对话即关系，关系有疗愈。

395. 施比受更为有福，不能付出的人听不明白。

南樵：直面医者把阿德勒的心理学归为一点：建立一种“施多于受”的生活风格。

396. 真话何须认真说，

谈笑之间洞分明。

深思不必蹙深眉，

啼痕尽处展笑靥。

南樵：谈笑之间，亦有疗愈。

397. 心情好了再做，这往往只是一个不会去做的借口；

先去做了再说，这反而成了一个心情会好的条件。

南樵：与其找个借口不做，不如创造条件去做。

398. 在这个世界上，最能相互理解的两个人，便是我与我的来访者。有许多个那样的时刻：我们彼此看一眼，便会了然于心。

南樵：这才叫和谐。

399. 当你看到一个人装疯卖傻，你就知道他要骗人了。

南樵：直面医者提醒，在这个时代里，真疯真傻的人不多，也不可怕；装疯卖傻的人很多，切要当心。

400. 独立的个体有独立的高兴与伤悲，不是跟人比较才高兴或伤悲。

南樵：独立的个体立身于生命的本真。

401. 她给他情感，他报以理性。

她哭了，他加倍给她理性。

她跑了，他带着理性追赶。

她死了，他站在旁边，相当惶惑，一语不发。

这时理性上前来跟他说话，他给了理性一个白眼。

然后，他独自去埋葬她，拒绝理性相随，把自己交给悲伤。

南樵：直面医者说：太理性了！

402. 一个人受伤太深，可能会跌入以下的盲区：

一、独占欲：剥夺与补偿的问题。

二、人我不分：角色与边界的问题。

三、不辨轻重缓急：动机与选择的问题。

四、不能付出：生活方式与态度的问题。

南樵：如果没有经历疗愈，走出任何一个盲区都会是一条艰难的路。

403. 父亲的认真与母亲的认真结合，生出了儿子的认真。

儿子的认真长大了，把父母吓坏了——因为这认真里长出了神经症。

神经症是认真的极致，也是认真的错置。

南樵：直面医者在症状里发现两样东西最为突出：一个是天真，一个是认真。只见那一个个成人，非常天真地认真着，也非常认真地天真着。

404. 不靠谱的人做心理咨询，就成了这个领域里的妖魔——表面一本正经，或者装疯卖傻，实际是骗子。

南樵：首先是自己经历疗愈，然后成为别人的疗愈者。

405. 有一种品质叫“独立的善意”，其具体表现是：

做好事，不求表扬，也不怕批评。

知道即使做好事也不会得到所有人赞同，却依然去做，还用智慧去做，尽力做好。

南樵：独立的善意，是独立的个体才拥有的品质。症状所缺，正是独立的善意。

406. 她说：“我想要的是天天都幸福快乐。”

我说：“我明白了上帝为什么要在伊甸园里设置禁果。”

她问：“为什么？”

我说：“为了让人长大。”

南樵：在这个世界上，没有一种情形叫“天天幸福快乐”，但有许多人到处寻求它。结果是，他们找不到它，找到了症状。如果给症状起一个名字，就叫“没有长大”；如果给治疗做一个说明，就是“让人长大”。因此，直面医者总结说：没有“天天快乐”，只有“天天长大”。

407. 一个二十四岁的女子，妈妈在她一岁时去世了。

二十多年来，她一直在找妈妈。

一天，她看到一个小女孩不肯走路，伸着双手要妈妈抱，她也想走过去让妈妈抱。她又看到那个妈妈走开了，小女孩站在那里哭。她也站在那里哭了。

南樵：空缺太深了，补偿的渴望太强烈了，以致人我不分。

408. 为什么没有改变？
因为我强求自己改变，不断对自己说“应该”；
因为我以为改变就是一直上升，不可以有回弹；
因为我以为改变就是永远好，绝对不可以有不好；
因为我只想解决，一劳永逸，不想成长，怕那过程太烦；
因为我只愿享受，不愿承受，更不愿接受。
南樵：当一个人有了这样的反思，改变就已经在他身上发生了。

409. 一个年轻人一直在那里分析他的问题，要把一切都弄明白。
一天他真的明白了：原来，对过去的分析是对现在的逃避。
南樵：一直分析弄不明白，弄明白了就不再分析。

410. 两个催促者培养了一个拖延者。
催促者是父母，拖延者是孩子。
催促者把孩子的事当成自己的事，拖延者把自己的事当成父母的事。
那么，解决之道是什么？
很简单：各做各的事。
南樵：家庭养育中一个最明智的做法就是：让孩子的事成为孩子的事。

411. 有生活，才会有真实的满足。
有自我，才会做真正的判断。
南樵：一切皆归于此：投身生活，发展自我。

412. 我闭目道：“在几十年后，有这样一个人躺在病榻上，发出一声临终的哀叹：‘我这一辈子与情绪打交道，原来只是一场追风。’”

说完，我转向来访者：“你现在可以选择，这个人会不会是你。”

南樵：直面医者的现场情景剧，用来提醒那些同情绪作战的人：一幕是几十年后，一幕就在当下。

413. 在不好里找出好来，抓住不放；

又在好里找出不好来，也抓住不放。

因为好，就不能放弃；

因为不好，又不能亲爱。

一直都在纠缠不休。

根源在哪里？

在于没有自己，也没有自己的生活。

没有自己，就不能判断；

没有生活，就不得满足。

因此才有这许多的纠结与胡闹。

南樵：不是生物，而是生活；不是基因，而是文化；不是好与不好，而是真与不真。

414. 在内心种了一颗恐惧的种子，长出来的是一种渴望。

然后，恐惧与渴望混杂起来了，分不清是恐惧还是渴望。

症状就是从这里长出来的。它的表现是：

越是害怕什么，就越想做什么；

越想做什么，就越是不敢去做。

南樵：辨别什么是渴望、什么是恐惧，具有非同一般的意义。

415. 骄傲的人不允许自己害怕，就不敢真实面对自己；

勇敢的人知道自己害怕什么，并接受自己会害怕。

南樵：虽然害怕，依然直面，这本身就是一种勇敢。

416. 对于没有自我的人来说，任何一丝风吹草动都会成为他行为的动机。

他的行为无规律可循，也不可预测，因为他的心浸泡在不安全感里面。

南樵：一个人无法过整全的生活，因为他的生命充满了碎片，他的内心有太深的不安全感。

417. 我说："人生有一些模式在暗中影响我们，我们并不知道。当我们有了觉察，就可以去做出改变。"

来访者说："比如我开车喜欢走原路，害怕不熟悉的路。现在我注意到了这一点，就选择走一条新路，看到了不同的风景。"

南樵：觉察了，就可以选择走一条新路，就可以看到不同的风景。

418. 她问我："什么叫投入？"

我说："就像未曾受伤一样去爱。"

她沉吟不已。

我问她："什么叫不投入？"

她说："爱会受伤，我可不傻。"

我叹息一声。

南樵：爱的时候，的确很傻。但太聪明，爱就走了。

419. 真希望有一个人一直跟你在一起，你是一个永远的叙事者，他永远倾听。

南樵：叙事是最基本的需求，倾听是最基本的修养。

420. 你在外表上装点得一片欢庆，内心却装满忧郁。

南樵：我们的文化充满虚饰，正在把越来越多的人变得不敢真实。

421. 父母做对了前一半，本来就可以停止了。但接着做错了后一半，就等于全错了。比如：父母给孩子钱，然后给孩子讲家庭多困难；父母让孩子出去闯，然后对孩子讲世界多险恶；父母让孩子去恋爱，然后对孩子说不要轻易相信任何人。

南樵：许多家长就是这样“关心”孩子的，并且在一些年后理所当然地责备孩子吝啬、依赖、不结婚。

422. 你如此认真地讲述着无关紧要的事情，我的心生起怜悯；

你如此真切地谈论着根本不存在的东西，我的心生出悲哀。

你妈妈在背后看着你，她眼神里充满了无奈。

在听你讲话时，我与你妈妈的眼神有了交流：她看见我的悲悯，我看见她的隐忍。

南樵：面谈室里的一幕：来跟直面医者谈话的一个女子和她的母亲。

423. 一个富人向儿子传授秘诀，他的儿子听不懂。

富人一急，便大声喊了出来，碰巧我在路过时听到了。

我从他们身边走过，又听到富人在哭泣。

那是他在自己的儿子前流泪。

南樵：富人拥有累积财富的秘诀，却不谙养育生命的奥妙。

424. 你最终会自己去死，因此你必须自己去活。这二者无人代替。

南樵：父母爱孩子，以为可以替孩子活、可以替孩子死，结果导致孩子在症状里不死不活。

425. 为什么精明强干的父母养出无奈无助的孩子？

为什么父母给孩子创造了天堂般的条件，孩子却过着地狱般的生活？

因为这样的父母一直替孩子做正确的选择，剥夺了孩子犯错误的机会。

南樵：允许孩子犯错误，才是父母正确的选择。

426. 只有两个人能读懂我的话：一个是真正的医者，一个是真正的来访者。

其实，每个人内心都同时住着一个医者与一个来访者。

因此也可以说，每个人都可能读懂我的话。

关键只在这里：他是否愿听？他是否相信？

南樵：不肯听，也不肯相信，这往往是在跟父母的关系里形成的。愿意听，也愿意相信，这往往是从跟直面医者的关系里培育的。

427. 我批评制度的不好，你建立好的制度。

南樵：你需要我，我需要你，我们彼此需要。

428. 当你对过去后悔了，就说明你现在长大了。

南樵：因后悔而领悟，因领悟而长大。

429. 评判者最严厉的声音是："你有什么资格？"

南樵：在我们自幼经历的文化里，这是给我们的自我造成最大杀伤力的话。

430. 或问："如果我错了呢？"

我说："难道你不可以错吗？"

南樵：当你准备好犯错误，你就可以做决定了。

431. 永远不会错就是一个麻烦的人；

想永远不错就是一个人的麻烦。

南樵：精辟之论！

432. 看到你时我像看到我的影子；

跟你说话如同我的自言自语。

南樵：面谈中达成的契应。

433. 生活在特别感里的人是不会自由的。

南樵：我们在本质上是独特的，但我们并非在任何方面都是特别的——追求独特，是为了成为自己；追求特别，是为了成为神。

434. 你这样描绘自己，这就是你的自画像。

你每一次描绘自己都是不一样的，你的每一幅自画像都与前一幅不同。

这就是我在面谈室里看到的你，人们称之为相遇。

南樵：直面医者的体验：你在描述中经历了自己的改变，我在倾听中见证了你的改变。

435. 我是自己的谋杀者。

我蒙住自己的眼，捂住自己的嘴，一刀一刀捅自己。

因为一直不敢表达，我就这样把自己谋杀了。

南樵：对自己不好，就是在谋杀自己。

436. 追求纯粹者总会受伤，有些是有意义的伤，有些是没有必要的伤。

南樵：有意义的伤在创造里，没有必要的伤在症状里。

437. 当你能意识到它在里面，
你就会注意到它的出现，
你就可以质疑它的意图，
你就可以改变它的路线。

南樵：因为人有了觉察，症状就没了伎俩。

438. 把自己的优点说成是无所谓的，这是我们削弱自己的方式。
它的背后站着完美主义。

南樵：完美主义是一把文化的暗刀，每天都在削减我们的自我。

439. 你渴望，你又害怕。
渴望来自你的心，害怕是因为你没有在经验里修通一条路。

南樵：不是在经验里长大的人，内心里只有渴望，现实里却没有路。

440. 从共生体家庭里走出来的孩子，往往是系统的维护者，因为要保持尽善尽美，保障万无一失，他们太累了，就躲起来了，成了一个个症状者。

南樵：症状之根在其意图：必须保障一切都好，无法接受任何不好。

441. 生活在一个筹码化的时代，人自身也成了筹码，人与人的关系成了加一点筹码和减一点筹码。

南樵：直面医者谈两种主义：生存主义——一切为了确保生存，无限制地扩充生存条件，在本质上，人为了条件而活。存在主义——不仅活着，更反思并追求活着的意义，在本质上，人为了意义而活。这个筹码化的时代，是生存主义发展到极端的结果。

442. 妈妈一直是老虎，女儿害怕，但一边害怕一边长大了。

妈妈觉得遗憾，因为女儿不敢跟她亲近。

有一天妈妈突然变成了一只小猫……

结果是，女儿吓得像抽筋一样尖叫，不是去亲近妈妈，而是找地方躲起来了。

本来是一只老虎，突然装扮成一只小猫，那背后该隐藏着怎样可怕的意图啊！

妈妈伤心极了，从此不知道自己该做老虎还是做猫。

南樵：直面医者常常遇到老虎变猫的父母和被吓得惊慌失措的孩子。本来一直做老虎，就继续做老虎吧，孩子反而习惯了，却突然之间变成了猫，吓死了他们的宝宝。

443. 把财富与权力托付给有品质的人。

这便是一个有品质的社会。

南樵：用条件来定义品质，却常常是得到了条件，错失了品质。

444. 幼稚者众多的时代，就是骗子的天下。

南樵：骗子让人幼稚，幼稚者让骗子得益。骗子给人看好看的东西，幼稚者喜欢看好看的东西。

445. 许多人在寻找“立刻就好”，因此骗子大发其财。

南樵：“立刻就好”少而又少，骗子声称拥有很多。

446. 当然要好，但也要真。

只能好，不敢真，那是假好；

能好，也能真，那才是真好。

南樵：直面医者看到一个个来访者，他们那么好，却活得那么累，便探知了背后的根源，也生发了许多感慨：因为妈妈不能接纳你的阴影，你难以长得真实——只能好，不敢不好。你活得好累啊！因为你只能完美。什么时候你能接受自己的阴影呢？

447. 家庭养育的失败在于：孩子走进社会后，把所有人当成自己的父母，把所有的地方当成自己的家。最后，因为发现不是，他只好回家。

南樵：对于孩子来说，亲子关系是人际关系的预备，家庭是走向世界的预备。如果父母过度保护，给孩子养成过度的依赖，孩子就无法走向他人，不能联结；如果家庭过于封闭，缺少世界的各种元素，孩子就无法走向世界，不敢冒险。直面医者接待了许多没有预备好的孩子。

448. 不是你在做什么，而是你知道不知道自己在做什么。

南樵：许多父母关心“你在做什么”，直面医者关心“你是否知道自己在做什么”。如果知道在做什么，什么都可以做；如果不知道在做什么，做什么都没用。

449. 直面医者的疗愈方式是让人们直面真相，从而了解真相，并且基于真相做选择。

这实在太难了，因为许多人喜欢回避真相，喜欢被骗，特别是喜欢自己骗自己。

南樵：直面医者感慨：疗愈之难，即在于此。

450. 完美主义的背后是不安全感，乖顺听话的孩子最容易陷入完美主义。

南樵：症状有一个特性：完美主义。症状有一个本质：不安全感。症状有一个根源：过于乖顺听话。

451. 如果你相信心理咨询，奇迹就会发生。

但有一点：你必须选择一个对的咨询师去相信。

南樵：说心理咨询好，以为所有的咨询师都好；说心理咨询不好，以为所有的咨询师都不好。这种看法是极端主义的看法，也是幼稚。

452. 在面谈室，我常常面对两种情况，因而我常常会说两句话：过去的光环不能决定你，过去的伤害也不会注定你。

南樵：我们不被注定，我们永远都可以选择。这是心理咨询的信念，心理咨询也传播这一个信念。

453. 儿子内心里有一个理想的父亲，因此对现实中的父亲不满；

父亲头脑中有一个理想的儿子，因此对现实中的儿子不满。

于是，他们之间发生冲突，无休无止。

面谈中，我为父子俩安排了一场戏剧，剧情是这样的：

这天早晨，父亲醒来，发现自己变成了儿子，而在另一个房间里，儿子醒来了，发现自己变成了父亲。他们各自打开房门，看见了像自己一样惊愕的对方，于是……

南樵：后面发生了怎样的剧情？在面谈室里，父子在演，直面医者在看，这剧情还会延伸到当事人的生活场景之中，成为父子关系中一个更新的版本。

454. 人生态度可以是这样：不是强求，而是转化。

心理咨询的工作核心乃在于此。

但不必说出来，只是自然做到，不动声色地做到。

南樵：有许多种方式造成了损害，它的本质是强求；有许多种方式在培育人成长，它的特性是转化。

455. 为找某种特效药，找了十年没找到。

特效药是没有的，成长却是可能的。

后来他们找到我，我让他们做选择：

“你是决定继续找药，还是决定开始成长？”

南樵：心理咨询是一条通过成长才得以实现的路。

456. 在她小时候，她只有自己，说天真无忌的话；

长大了一点，她失掉了自己，从此不再说话。

在面谈室里，她在寻找自己，开始模仿别人说话；

回到生活中去，她长成了自己，从此说自己的话。

南樵：直面医者见证：一个又一个人在话语里长成了自己。

457. 来访者给我讲《驯龙高手》：

小龙只相信自己，谁的话也不听，不知道自己的有限。

小龙长大了，才知道自己是有限的。

我问来访者：“你是在说小龙？”

她说：“我是在说我自己呢！”

南樵：直面医者有时很笨，来访者其实很聪明。有时候，直面医者的笨就像一把钥匙，开启了来访者的聪明。

458. 人性的冷漠，表现为对别人的感受与处境完全不能认同，把自己与对方过度分开，好像完全无关；

精神的分裂，却常常表现为难以把自己与对象适当分开，你就是我，我就是你，二者难分难解。

对于冷漠的人，我几乎感到无奈；

对于分裂的人，我却可以帮助他做到适当分开——当他过度谴责自己时，我对他说：“这是自然，不是自私。”当他过于把认同和悲情寄于一只小狗时，我对他说：“这是小狗，不是你自己。”

南樵：适当分开，却不断开，这是人类关系的本质：边界。

459. 有一位来访者几年前来找我谈话，后来他竟然从二十多年的精神病苦里恢复了，我称他“万中无一”。

他说了这样一段话：“只要愿意到社会上去经历，不管有多难，都可以走出来。以前我生活在自以为是里，但经验是最好的老师，会改变那个自以为是的部分。我难过，我痛苦，但我坚持去做，就走过来了……坚持是最好的品质。”

我佩服他说的话，他说的话其实是他走的路。

南樵：直面医者陪伴一个人走过了几年的路，记住他留下的一段话。

460. 真正的勇敢是知道害怕什么，而不是什么都不怕。

南樵：许多人对“勇敢”有一种误解，以为勇敢就是什么都不怕。结果是，他们不会让自己变得勇敢，而是让自己变傻了——因为只有傻子才会什么都不怕。

461. 怕受伤害是症状中最深的害怕，有时表现为害怕伤害别人。

南樵：有时候情况竟然成了这样的：越怕受伤，越会受伤；越怕伤人，越会伤人。

462. 心灵的解脱之道是觉察，人性的自然之境是光影交错。

南樵：直面的意向是：沿着觉察的路，走向光影交错。

463. “去他的正能量，老娘就是不好！”来访者说。

南樵：直面医者听了，觉得很振奋，不觉为来访者鼓掌，因为这话里传达了一种有关解放的信息和基于真实的力量。

464. 在面谈室里，我遇到这样的人性：在来访者身上我见到了在生活中依稀不见甚至久违了的纯粹。

而我的工作就是，让他们去看到、确认，并且有勇气在生活中活出这种纯粹。

南樵：活出来的纯粹，就在生活中成了实现生命的品质；没有活出来的纯粹，就在暗中成了制造症状的材料。

465. 生活本自然，不必太用力；自然本奋勉，何必要强求。

南樵：直面医者提醒，记住这一点就够了：几乎所有的损害，都来自太过用力、太去强求。

466. 专注与自由，书法之境界。

南樵：直面医者对书法的一点体会，而艺术与心理咨询相通：专注与自由，亦是心理咨询之境界。

467. 艺术的境界在于微妙之处的感受与把握，它来自一种神经质的体验。相比之下，神经症是何其精细而微妙的作品呀！它却不是艺术，因为它缺少一样东西，叫觉察。神经症是一种个人的苦心经营，却不是自由创造。

南樵：没有神经质，就不会有神经症，但也不会有艺术。神经症与艺术同源，但不同质。这源便是神经质，这质便是觉察。没有觉察，就成了神经症；有了觉察，就成了艺术、哲学、文学，以及所有人类创造性的活动。

468. 一个时代不产生经典的人，如何产生经典？

南樵：原因很简单，经典是由经典的人造就的。

469. 最重要的是视角。

单一视角的人，困守在人生与人际的某个角落。

有了多重视角，他就获得了自由，在世界与关系的每个地方畅行无阻。

南樵：症状是一个人陷入了单一视角，疗愈就是让一个人有了多种视角。

470. 当一个人做到真实与公平，他就成熟了，就有境界了。

举个例子吧：

有一个人在微信群里发表了一个观点，我不同意，我觉得要对他说出来，虽然说了会得罪他，而且他身后还有一群人跟着他，我会顺带得罪一群人，但我还是觉得要说。于是我就说了。

我把这个称为真实。

后来，他又在群里说了一些话，我发现这话很好，我可以说，也可以不说，但我觉得要说，于是我说了。

我把这个称为公平。

南樵：真实与公平，成熟二要素。

471. 质量是什么？是关系的密度，是时间的耐受性。这两种性质在人生的每一个部分以不同的方式呈现出来，被称为意义。

南樵：质量在一个地方蕴含，叫品质；在一个地方表现，叫意义。

472. 永远重要的是：基于人性。

基于人性包括：了解人性、尊重人性、维护人性。

南樵：基于人性，诸善之源；违背人性，万祸之根。

473. 在面谈室里，一对父子发生了对抗，我抽空写下了这两句诗：

过去，儿子想跟父亲说说话，父亲不理——我忙。

现在，父亲想跟儿子说说话，儿子不理——我烦。

南樵：前因与后果。

474. 把一件本来自然的事看得过于重要，就会害怕失掉它，就会把它变成症状。比如，睡眠本是自然的事，当你过于看重它，你就害怕失掉它，你就把它变成了失眠。

南樵：症状是人失掉了跟自然的联结，失掉了对本能的信赖。因此，直面的治疗就是回归自然，唤醒本能。

475. 在发展出心理症状的孩子背后，我常常看到一个天真的、充满正能量的妈妈。

“为什么呀？”你瞪大眼睛问，“这样的妈妈不是挺好吗？”

我说：“妈妈太天真，就很难懂得你的需求，就不能响应你的要求；妈妈太天真，就像一潭太清浅的水，你一眼看透了她，就难以信任她；妈妈太天真，就让你感到不安全，因为太天真的人不足应对世界。”

“那么正能量呢？有什么不好？”你问，眼睛不再瞪那么大了。

我说：“妈妈过于正能量，就不能接纳你的阴影。每一个人在成长过程中一定有合理的阴影，但你的阴影在妈妈那里无处寄放。”

南樵：直面医者的话里常常有一种悖论：事情看上去如此，实际上可能正好相反。

476. 我何止两面，我有多面呢！

因为多面，我才丰满。

只有一面的人是扁平的。

哎呀，谁愿意是扁平的？

南樵：我愿丰满，不要扁平。

477. 我对太在乎别人看法的人说："别人的看法没有你自己的看法重要。"

太在乎别人看法的人对我说："问题是，我根本就没有自己的看法。"

南樵：直面医者对没有自己的看法的人有一个建议，让他们问自己一个问题：我为什么没有自己的看法？

478. 父母是这样剥夺孩子的自我的："你想……"并不重要，"我以为……"才是你需要的。

南樵：许多年后，父母发现孩子没有自我，不能做出选择，就很奇怪，就责怪孩子，孩子自己也惊讶，也会自责。剥夺者与被剥夺者都忘掉了剥夺的过程。

479. 成熟的标志是：知道私下与正式的区别，并在二者之间自然转换。

南樵：但成熟并不是在私下里胡搞、在正式时装正经。

480. 小气鬼要么成了富人，要么成了病人。

前者知道在什么地方小气，后者因为不知道就在任何地方都小气。

二者都需要成长：前者成长的途径在乐善好施，后者成长的契机是花钱看病。

南樵：直面医者赞赏慷慨精神，因为在慷慨精神里有成长的机会。

481. 在这个世界上有两个说法：一、不要把自己当回事；二、要把自己当回事。

两个说法都是对的，只是得看对什么人说、在怎样的境遇下说。

当你知道自己是谁、知道对方是谁、知道自己在怎样的境遇下、知道你跟对方的关系，你就知道对别人说什么，也知道听别人说什么。

南樵：简单来说就是，有时候我们要把自己当回事，有时候我们不要把自己当回事。

482. 这是充满伤痛的时代，也是一个妖魔鬼怪泛滥的时代，因为妖魔鬼怪是从伤害里繁殖出来的。

妖魔鬼怪的特点是：

他们没有自我，却喜自称大师。

他们自己的伤深而未愈，却假装去疗别人的伤。

还有一点：他们很执着，那是因为他们没有自省的能力。

南樵：生活在这样的时代，妖魔鬼怪太多，凡事留个心眼儿。

483. 对待有钱人，要像对待普通人，这是基于平等；

对待普通人，要像对待有钱人，这是出于尊重。

南樵：生命的品质常常表现为：用平等与尊重对待他人。

484. 亲密有间是关系的本质；

光影交错是人性的奥妙；

化繁为简是人生的智慧。

南樵：凡事皆有度。过度了，就失掉了本质、奥秘、智慧。许多人在关系中受伤，是因为过于追求亲密无间，没有边界；许多人在人性上受损，是因为只求光亮，拒绝阴影；许多人陷入人生的烦扰，是因为被各样的形式所羁绊，不懂大道至简。

485. 养育孩子的奥秘在于：经常走在孩子的后边，偶尔走在孩子的旁边，尽量不走在孩子的前边。

南樵：把这“三边”落实于养育，何乐而不为？何益而不有？

486. 试图让每个人满意，结果让自己很累。

很累却不明白，就不会改变，就病了。

南樵：心理症状显示：人常常是“累”病的，受累于要去满足别人的期待。

487. 症状者的头脑里有一个纯粹理念，却没有架起一座经验之桥跟现实接通。

于是，关系成了关卡，事情成了事故。

南樵：因为头脑没有跟现实接通，就出现了隔绝，就造成了错位，就形成了症状。

488. 在症状背后我看到的情形是：价值的需求被剥夺了，关系的需求受损伤了，安全的需求被阻碍了。

于是，人陷入恐惧之中，自我角色不明，边界意识不清——分不清自己与他人的界限，分不清想象与现实的界限，分不清惧怕与渴望的界限。

症状是，一个人害怕做自己。

南樵：不敢与他人分开，便是害怕做自己。

489. 他说：“小狗出门了，我怕它会被车碾死，怕它找不到回家的路，怕它吃了有毒的食物……”

我说：“你把小狗当成自己了。”

南樵：把自己与他者分开，是心理成长的一个标志。但是，恐惧会在受伤的地方说话，让我们难以做到分开。

490. 我工作的方式是：跟你一起在不确定性中探索，在探索中有所发现，在发现中建立起确定感。

这其实是人生的方式。

南樵：直面医者的工作方式也就是他的生活方式。

491. 没有自我的人以“比较”为其生存方式，因此，他不是一个独立的存在。

他的眼睛看着你，他的行为模仿你，他不是“自在”，而是因你而存在。

你做什么，他就做什么，但他不知道本质是什么；

你因事而高兴，他随你而高兴；

你因情悲伤，他假装伤悲；

你说某物很重要，他就去抢夺，双手紧抓不放；

你说某物无价值，他即随手抛掉，还清高自许。

南樵：因为过度比较，哪里会有独立？因为不能独立，哪里会有存在？

492. 症状是不适当的严肃与不适当的幼稚的结合，在症状里我看到一种小孩子的恐惧和一张哲学家的脸。

南樵：健康有错落有致，症状是对比失调。

493. 他找到了你，投射他的阴影，于是——

他释放了，你受伤了。

你的伤在渐渐愈合，他的阴影在暗中累积，这时——

他转过头来看你，你回避他的眼神。

你知道接下来会发生什么吗？我说——

还不快跑！

南樵：当你明白在关系中有阴影投射，你就要赶快逃离那个投射者。

494. 一个人从“我要”走向“我给”，他就变得成熟了；

一个人从“我什么都没有”走向“我本来就丰足”，他就臻于完整了。

南樵：幼稚时，我们停留在“我要”；成熟了，我们坦然于“我给”。

495. 多用自己的眼睛看别人，少用别人的眼睛看自己。

南樵：这里的“多”与“少”靠自己去调节与把握。

496. 眼中有别人，心中有自己。

南樵：没有长大的一个特征是：眼中没有别人，心中只有自己。

497. 一个人很想找对象，却一直找不到，而他（她）自身条件一点也不差。

对此，周围的人很惊讶，而他（她）自己也不明白。

我就请他（她）反思两点：你是不是太小气？你是不是太幼小？

小气表现为在心态上斤斤计较，幼小表现为在关系中不能委身。

南樵：既然是太“小”，那就得长“大”。人长大了，对象就有了。

498. 年少时太正经，那是装正经；

年老时不正经，那是真不正经。

因此，年少时不必太正经，年老时才不会不正经。

南樵：少年老成，是我们文化的要求；老不正经，是我们文化的产物。

499. 我告诉人们：关系的秘密在于不害怕冲突。

人们听不懂我的话。

南樵：不害怕冲突，才会在直面中处理冲突；害怕冲突，就会在回避中制造冲突。

500. 直面的治疗是跟当事人一起走进他的经验，让他反思自己的经验，渐渐长出一双觉知的心眼，透过感觉的迷雾，看到生活的真相。

南樵：走进经验，走出感觉，发现真相，获得觉知。

501. 她没有家庭的温暖，却在粗糙的生活中发展出一种耐受力；

你缺乏耐受力，就得从温馨的家庭走向粗粝的生活。

她是坚韧的，需要自由；

你是自由的，需要扎根。

南樵：温暖的家庭与严酷的环境会给我们不同的东西，对成长的意义却是一样的。

502. 从不能体谅孩子的父母那里走来了不能体谅父母的孩子。

南樵：因为不能体谅，就在关系里有了困难。

503. 一个自幼发展出拯救者角色的儿子终于发现：他无法拯救他的父母。

这时他有两个选择：一、让自己抑郁；二、放弃自己的拯救者角色，独自去成长。

南樵：不管是症状，还是成长，都是自己的选择。

504. 睡眠的秘密就在于不把睡眠当回事儿。

失眠者笑了，并不把我的话当回事儿。

南樵：失眠者认定的是一个事实——失眠，却看不到事实背后的根源。

505. 如果我不敢真实，我如何活出自己？

如果我不能活出自己，我如何跟人建立关系？

南樵：心理咨询所关注的永恒主题：自我与关系。

506. 不是去找魔怪，而是去找真正的驱魔师。

南樵：困难在于：任何领域里都有魔怪，有时候驱魔师就是魔怪，真假莫辨啊！

507. 神经质是一种天然素质，它可以发展出神经症，它可以培育出创造力。其中的秘密就在于：一、你是不是知道它？二、你把它用于什么地方？三、你怎么使用它？

南樵：药物的作用是：要把神经质压抑下去，以便抑制神经症。结果却可能是：不一定能抑制神经症，却肯定会损害创造力。

508. 只有自己的人，最后就只有自己了。

南樵：只有自己即症状。

509. 进食障碍是一种无所适从的挣扎，也是一种呼救。它反映为两相：厌食与暴食。这极端对立的两相皆有根源：一是过度剥夺，一是过度给予。其厌，是表达一种无奈；其暴，是表达一种愤怒。既然这两种情绪无法针对别人（常常是自己的父母），便转而针对自己，让自己病了：时而厌食，转而暴食，亦即，时而无奈，时而愤怒。两者皆是一种自毁的行为，毁掉自己，报复别人。

南樵：当求生存的本能都受损了，那损害是何其深！

510. 在症状的背后隐藏着三个不得满足的基本需求：关系的需求、价值的需求、安全的需求。

南樵：生命健康成长的条件是：这三个基本需要得到了适当的满足。

511. 如果孩子对父母有愤怒，又感到无奈，他会转而攻击自己，让自己生病。

症状是愤怒与无奈的象征。

南樵：是的，在症状里，我们常常发现这两种基本的情绪：无奈与愤怒。

512. 近几十年来，在中国社会中经历艰苦奋斗而最终获得成功的父母们，因为接触了太多的社会阴暗面，就试图给自己的孩子创造一个光明天堂般的环境，让孩子们在其中像天使一样生活。结果却是：他们的孩子因为太单纯和洁白而无法承受自身与生活中合理的阴影，反而陷入了症状的挣扎。

南樵：当今中国社会转型期的一个家庭现象。

513. 症状为僵化，创造则疗愈。

南樵：心理治疗永远是一个创造性的活动，它的效果是化腐朽为神奇。

514. 我对中国教育只有一个期待——越来越多的人愿意相信：不是成绩，而是成长。

南樵：永远需要强调：不是成绩，而是成长。

515. 既然一切都是注定的，那就不要强求；

如果强求也是注定的，那就学会接受。

南樵：接受是一种态度，这态度里有疗愈的意义。

516. 小鸟在房顶的玻璃上走来走去，不知道我在下面看它的肚皮。

南樵：生活一景。

517. 我们不是病了，我们是幼稚；

我们不是软弱，我们是不够整全。

南樵：因为幼稚，因为不够整全，我们抵挡不了诱惑。

518. 在苏州狮子林有一个禅堂，禅堂有一百零八扇窗，这一百零八扇窗对应人生的一百零八个烦恼。

我喜欢这个说法：每打开一扇窗，就少了一个烦恼。

但我也有一个疑问：谁能打开一百零八扇窗呢?

南樵：没有烦恼的人生不是人生，没有烦恼的人不再是人。

519. 智慧跟我打过许多照面，今天我才认出它来。

我拉着它不放手，求它赐我一句话，它于是对我说："不要抢着说话!"

南樵：在面谈中，我这样提醒自己：不要抢着说话！在生活中，我也这样提醒自己。我意识到，智慧有时就是这么简单。

520. 不反思的人，常常欺骗自己。

症状是自欺者的居所。

南樵：如果没有反思，我们如何自知?

521. 他说："它不一定发生，但它可能发生。"

我说："所有的事情都是这样的。"

他说："我怕的是它万一发生。"

我说："所有的事情都是这样的。"

南樵：所有事情都有"万一"，任何事情都没有"绝对"。

522. 孙闻对我说："我这个人不聪明，但我记住一点：不乱说话。于是，沉默就遮掩了我的不聪明。在人生许多时候，这一点救了我。"

我对孙闻说："你这是在批判自己，还是在赞美自己呢？"

南樵：当一个人做到不乱说话，他就接近于智慧了。

523. 精神分裂缘自没有适当分开——因为没有分开，所以导致分裂。

这听起来多奇怪啊，我们来做一些比较：

精神分裂者能入乎其内，不能出乎其外。

相对而言，生活中有许多人一直生活在外边，很少待在里边。

精神分裂者有一种过度的移情，把自己与他人、与世界某一对象等同，彼此不分了。

相对而言，生活中有许多人已经失掉了移情的能力，简直看不到别人。

南樵：在精神病人和世人之间有一段路，精神病人朝世人走去，世人朝精神病人走去，当他们在中途相遇，就实现了一种整合：跟自己内外相通，与他人彼此相得。

524. 你是个好人，而你的问题恰恰就出在这"好"上面：你讨好别人，却苛责自己。

如果"好"是这样的，最后好人死光光。

南樵：原来"好"也害人！

525. 如果你不明白真相，也不知道方向，你越努力要做好，你就离自己的目标越远，你的自我受到的耗损就越深。最后，抑郁就成了你的伙伴。

南樵：因为努力不当，我们变得抑郁。

526. 在一种控制型的关系里，一方越好，就越会让自己落入另一方的魔爪。

这“好”会养长对方的魔性，阻塞自己的出路。

南樵：并不是人好，关系就好；并不是人不好，关系就不好。关系好与不好，取决于人能否做到适当的好与适当的不好。

527. 你“好”，但你不明白，这“好”就成了你的绳索——你常常用它来捆绑自己，时而也用它来捆绑别人。

南樵：有许多人活在“好”的捆绑中。

528. 我不是天使，你也不是天使，我们扯平了。

你别装天使，我也不装天使，我们都是人。

你用人的方式对待我，就别指望我用天使的方式对待你，因为跟你一样，我也要做人。

当我们都做成了人，我们或许会闪现一点天使的光亮。

如果我们强求自己做天使，我们就会散发魔鬼的气息。

南樵：原来做人这么重要！

529. 面对许多需要救助的人，咨询师怎么做出决定去救谁呢？

只有一个标准：看谁有求救的意愿。

南樵：直面医者是在来访者的意愿里工作。没有来访者意愿，治疗师就无法工作。

530. 直面医者的工作是促成两种情况发生：接受与流动。

接受不好即是好，保持流动自痊愈。

南樵：人会犯错误，因此要接受；生命如河流，因此要流动。

531. 孩子小时候，父母太不把孩子当回事；孩子长大了，父母又太把孩子当回事。小时候，孩子有需要，父母忽略他；长大了，孩子不需要，父母又来牵累他。问题就这样造成了。

解决之道在哪里？在反其道而行——孩子小时候，父母把孩子当回事；孩子长大了，父母把自己当回事。孩子小时候，父母多跟孩子在一起；孩子长大了，父母就放孩子走出去。

南樵：把孩子当回事，就是联结与亲爱；不把孩子当回事，就是放心与放手。

532. 那些自幼对父母养成依赖的孩子，成年后更可能陷入恋爱婚姻的挣扎。

他们会在一群人中最先看到谁是最可依赖的对象，并抓住对方不放。当发现对方不能满足自己情感的需求时，他们就无法在情感与依赖之间做出选择了。

南樵：因为养成了依赖，就不能自己做出选择——除了选择依赖。

533. 小时候，我被送到姑姑家，看到一个房子像奶奶的家，我就一直盯着它看，不理任何人。

长大了，我陷入症状中，我的眼睛只盯着一样东西看，因为得不到它，就不理这个世界。

南樵：一个自幼失掉了父母的孩子，因为内心的空缺得不到满足，“不理”就成了她人生的态度。

534. 通过看到自身的阴影，我们获得了觉察；

通过接受自身的阴影，我们获得了自由。

南樵：阴影跟光亮一样重要，甚至更重要。

535. 如果你不断妥协，以为可以换取什么，

你最终会失掉自己，再也换不回来了。

南樵：毛泽东曾说，以斗争求和平，和平存；以妥协求和平，和平亡。这是他的革命经验的总结。我这样总结我的咨询经验：以直面求成长，成长存；以逃避求成长，成长亡。

536. 孩子感受不到父母的理解与支持，常常是因为父母不在意孩子的感受，一味要求孩子接受。

南樵：在父母强大的意志和强硬的方式围攻之下，孩子受伤了，变弱了，最后会找到一件武器来对付父母：症状。

537. 过度保护孩子的父母向孩子掩藏了人生的真相，把孩子的成长变成了一个不断被愚弄的过程。

南樵：在父母过度保护下的孩子，身上会有一种不适当的单纯，叫单一。原因是，他本该知道的和本该经验到的东西都被父母以安全为理由屏蔽了。

538. 因为父母是真理，孩子就不肯去跟父母说话；

因为咨询师是关系，孩子就来跟咨询师说话。

南樵：直面医者讲了一个故事：有一个女大学生来跟我谈话，她的母亲很不高兴：为什么你有话不跟父母说，要跟一个外人说？她回答：因为你是真理，王老师不是真理。

539. 父母没有文化（不等于受教育低），头脑又太顽固，孩子就惨了。

南樵：父母既没文化，又不自然，靠什么养育孩子呢？

540. 你心里害怕，但你可以装着不害怕，因为没有人知道你害怕。

当你装着不害怕，你就会表现得不害怕，你就成了勇敢的人。

南樵：每个人都会害怕点什么，没有什么都不怕的人。

541. 心理咨询师是文化觉醒者。

南樵：相反，症状是一种文化蒙昧。

542. 因为太幼稚，所以失掉了机会。

南樵：当机会来了，成熟的眼睛才能看到。

543. 太乖的孩子内部有一个倔根，那是被压抑的自我，而不是真实的自我。

南樵：有自我的人会坚决反抗——横眉冷对千夫指，但也会谦恭服务——俯首甘为孺子牛，却不是一般人所说的乖顺。太乖的人一面看似柔和地在接受一切，一面又在暗中反抗一切，却没有发展出一个真正的自我。

544. 人跟人的距离常常是意识之间的距离，就是意识到了和意识不到之间的距离。

南樵：因此，当人们问直面医者怎么办的时候，直面医者会说：先在意识里播下一颗种子吧。

545. 不断走出舒适区；

不断穿越恐惧地；

不断拓展自由度。

南樵：此即直面之路。

546. 自然、自由、做自己。

此为“三自”。

南樵：直面心理学之“三自”。

547.“在我的童年，世界是一棵树，它被剧烈地摇撼了。从此，我的人生一直飘零，落叶纷纷。”来访者说。

南樵：症状常常肇因于童年世界遭到剧烈的摇撼。

548. 因为你长得那么美丽，别人总来靠近你。

但你的生命太单一，又让人觉得好无趣。

南樵：内心也有一种美丽，接近了才看得到。

549. 你拥有许多条件，让人好生羡慕。

你的心竟是空的，让人无所寄情。

南樵：让人想起《花渐落去》中的一句话：你的幸福眩人眼目，她的幸福充溢内心。你外表的奢华映照出她的寒碜，她内心的丰富反衬出你的匮乏。

550. 我跟你不一样，我不要做你。

你可以好，我可以不好；

你可以不好，我可以好；

你可以很快好，我可以慢慢好；

你可以慢慢好，我可以很快好。

我基于我自己，而非基于你。

我活我的活，我死我的死。

你是我的爸，你是我的妈，不是我。

你落秋天的叶，我开春天的花，我是我。

我跟你不一样，我只要做自己。

南樵：好想把这位来访者的话编成一首歌，唱给许多父母听。

551. 在关系中有两个互为因果的阻碍因素：

因为听不懂，所以不认同；

因为不认同，所以听不懂。

南樵：不要以为我们说着同样的语言，我们就可以彼此听懂。

552. 让自己很忙可能是一种回避，忙的背后肯定隐藏着什么东西，看一眼都会害怕。

南樵：你那么忙，背后是什么？

553. 懂得道理最多的人，可能是最不觉察的人，因为他被道理遮蔽了。

被遮蔽了，还很骄傲，还用道理去遮蔽其他人，就是很虚妄的人。

南樵：直面医者回顾许多年来的工作，发现一个很普遍的现象：道理会伤人！被症状所困的人，常常是被道理所伤的人。

554. 你的道德感有多强，你对情绪的恐惧就有多深。

心理咨询是让情绪跟道德做一场交谈，双方达成和解。

南樵：当道德感减弱了，对情绪的恐惧就减弱了。当一个人不再害怕情绪，症状就无处依身了。

555. 骗子在一扇门前写了这样的话：

“把你的灵魂交给我，我给你快乐。”

于是有许多人在门前排队，还有人为插队吵架。

在这扇门的背后，骗子在狞笑。

南樵：用灵魂换快乐，是我们这个时代蔓延的一场瘟疫。

556. 你一直在寻找一个监狱，把你的情绪关进去，判它无期徒刑。

但是，如果情绪是你的孩子呢？

南樵：对待情绪，要像对待我们的孩子一样，不能太狠。

557. 最害怕情绪的人，被情绪牵着跑；

最想控制情绪的人，被情绪控制了；

视情绪为自然的人，成了自由的人；

把情绪当朋友的人，收到了情绪寄来的礼物。

南樵：我们对情绪的态度，决定着我们的生活。

558. 一个要么不说话、要么发脾气的父亲背后，躲着一个没有长大，也不肯长大的小女儿——她一直害怕自己的情绪，一直在找一个地方躲起来，最后她找到了症状：害怕起了风沙的日子。

南樵：症状是一种象征，反映生命的实情。情绪是一种诉求，听听它要对我们讲述什么。

559. 你把读我的书变成了一个迷信活动：找安慰、寻魔法、求神迹、用来驱魔。

但我的书只有一个目的：让人成长。

南樵：直面医者拒绝神化。

560. 在这个时代，有许多人放弃了自己的成长，去追随各样的“大师”。

南樵：真正的大师要说的话也不外乎：自己去成长！

561. 我们的文化造成了一个最深、最普遍的情形：因为忍受太多，所以承受力很弱；因为顺从太多，所以宽容很少。

南樵：直面医者关怀个体，也关注个体所经历的文化，因为问题是从文化里产生出来的，而疗愈便是让当事人去经历文化的更新。

562. 格为境界与品质，局为态度与气场。

格局乃炼就而成。

南樵：成为有格局的人！

563. 欣赏你孩子身上好的地方，及时支持他；

指正你孩子做错的地方，但不贬低他；

像播种一样有耐心，不期待你做的一切立即产生效果。

做到这三样，即为好父母。

南樵：信然。

564. 人生于世有“三要”：头脑、心灵与本能。缺少任何一样都会造成麻烦。

心理症状是用脑过度、用心太少、与本能失联。

南樵：开启“三要”，让生命蓬勃。

565. 为什么改变没有真正发生？

因为求一时新鲜；

因为求安慰；

因为只想靠方法，不肯去付出；

因为想向人证明自己在改变，可以得表扬；

因为没有做好改变的准备；

因为害怕改变发生了，就要面对新情况；

因为习惯如此；

因为……

南樵：把这些部分处理好了，动机就显现了，动力就产生了，改变就发生了。

有一個女子，她什麼都有，所有的人都羨慕她。但所有人都有的一樣东西她都没有，她不會傷心。

——王學富

566. 别人怎样对待你，你就怎样对待别人，这是人际关系的基础；

你希望别人怎样对待你，你就先去怎样对待别人，这是人际关系的境界。

人际关系的困难是：二者都做不到。

南樵：有了基础，才会进而有境界，益己又益人；失掉了基础，要么形成自闭，要么走向虚妄，受伤和伤人。

567. 按规定、职分、常理去领取一定的份额，多得到一分则欣喜，少得到一分则不悦，这是一般人性的常态；

按良心、道义、爱心去付出一定的份额，多付出一分则欣喜，少付出一分则不安，这是心灵觉察的境界。

人之格局不同，便在于此。

南樵：人生有两个意识：一、知道人有不同的格局；二、知道自己的格局。

568. 基于真实的理解和感受去做出回应吧，不用自己的低（顺从）去诱惑对方，也不用自己的高（强求）去控制对方。

南樵：我们这样定义好的关系：其中有很少的诱惑与控制。

569. 我们都有缺乏，我们都想补偿。

最缺乏的，是我们最想补偿的。

危险就在这里：为了补偿一点，我们看不到其他，就容易跌入陷阱。

觉察也在这里：不是补偿，而是成长。

南樵：直面心理学的基本理解：不是补偿，而是成长。一味求补偿，不觉误了成长；一心去成长，自然得了补偿。

570. 一个不成熟的人太想在关系中风平浪静，就去回避关系中的冲突，结果是：内心暗涛汹涌，独饮苦杯。

南樵：敢问一声：为什么不直面？

571. 一个人问我："怎样才能永远不生气？"

我直言相告："这是坟墓的广告。"

南樵：永远不生气？除非是死人。直面医者慨叹：许多人本想活得好，却选择走一条死路。

572. 家庭系统中代际传承的奥秘在于：人会选择熟悉的，而不一定是选择好的。

悲剧模式更会自动复制，是因为上一代人把悲剧变成了下一代人所熟悉的。

南樵：受伤的人对伤害是最熟悉的，更容易选择伤害；相反，被爱的人对爱是最熟悉的，更倾向于选择爱。

573. 当你期待对方是一个绝世美人或一个神，对方注定会很惨，永世不得翻身。

南樵：同理，许多的孩子在父母的过高期待下过得很惨。

574. 不是"应该"，而是"自觉"。

"应该"是为了应付道德，"自觉"是与潜意识谋通。

南樵：心理疗愈之道：从"应该"走向"自觉"。

575. 一个女子这样描述她的男朋友：他长得像佛陀，却一点不靠谱。

南樵：幽默是一种艺术，它的秘密之一是对照，产生相映成趣之效果。

576. 允许不正常，才正常；不允许不正常，才不正常。

南樵：这话的另一种说法是：正常是能够容纳不正常，不正常是不能容忍不正常。对这话，你能体会多少是多少吧，但你能体会多少很重要。

577. 坐在我面前的这位母亲满脸的愁苦，因为她的儿子已经三十岁了，而她的心还是一颗养育三岁儿子的母亲的心。

南樵：孩子长大了，父母的心还没有长大，愁苦就根源于此。

578. 神经症是这样制造出来的：说起什么就以为真的是什么，想起什么就真的害怕什么。

南樵：神经症是失掉了“以为是什么”和“真的是什么”之间的界限。

579. 人必须前行，而且必须是全面地前行，即使存在某个麻烦，也只管前行，不要为单一的麻烦误了行程。

当你全面前行，那个麻烦就被慢慢消解了，至少它成了一个可以被带着或被带动的部分，你一冲而过。

这，你能听懂吗？

南樵：人生的行程常常是这样被耽误了：我们要把每一个问题都处理好，我们要在每一个地方都预备好。

580. 生活可以是悠闲的，不必喊口号，不必吹冲锋号，不必拼刺刀，不必上铡刀。

南樵：因为悠闲，所以优雅。

581. 同样一句话，要看谁在说，要看对谁说，要看在什么情境下说，要看在什么时机说，要看以怎样的语气说，要看出于什么动机说，要看对方跟你的关系说，要看事前事后的条件说……

考虑到了所有这些方面，你就可以随便说了。

南樵：说话是一种艺术，面谈是艺术的治疗。

582. 一个管得太多（包办代替）的母亲，加上一个一点不管（置身事外）的父亲，大约等于一个发展出神经症的孩子；

一个不敢再管（前倨后恭）的母亲，加上一个回头来管（简单粗暴）的父亲，大约等于一个维持着神经症的孩子。

一个孩子同时征服了他的母亲和他的父亲，他就可以安稳坐拥他的神经症，因为这是他最有效的攻防兼备的武器。

南樵：神经症最深的根源常常在家庭文化。

583. 你知道自己行，这就可以了，不用别人的赞扬来满足你，也不因别人不认同你而懊恼。

南樵：这是对一个有自我的人所做的描述。

584. 过去违背自己太久了，人性越来越稀薄了，成了狐狸精。经历直面的治疗，就是慢慢恢复真身——从狐狸精变回来，先变回人，再成为自己。

南樵：直面的治疗，实为去伪存真、去芜存菁。

585. 在症状里呆得越久，面对现实的勇气越会消解，最后就只能依赖，不能独立。

南樵：症状的真相。

586. 成熟的人能够接受自己不行，逐渐变得很行；

不成熟的人不接受自己不行，终于变得不行。

南樵：成熟的人，不行也行；不成熟的人，行也不行。前者会培育行，因而越来越行；后者会浪费行，因而越来越不行。

587. 他的善是悬崖上的花。

他去种的时候，可能跌落深谷；

你去采的时候，也可能跌落深谷。

南樵：一种感悟，一个提醒 。在至高之处的善，对于普通人来说是危险的，可能让人走向虚妄。

588. 心理症状的一个特点是：四处求安慰，坚决不长大。

南樵：一直求安慰，就会长不大。

589. 她问了一个问题，别人在回答时，她并不在听，而是在想要问的下一个问题。

她一直问下去，却不知道自己的装模作样。

原来，这是她小时候应付父母的方式——做个样子给父母看，可以避免受责备。后来，这就成了她应付生活的方式。

她就是这样失掉生活的。

南樵：我们最需要觉察的情况之一，是从我们跟父母的经验里发展并沿袭下来的关系模式。

590. 你已经大到足以做任何人的老婆了，却一门心思要做每个人的小女儿。

你用前者诱惑了他，又用后者扰乱了他。

南樵：当一个人向你走来，他向你呈现的样子和他实际的需求是不一样的，这就衍生出关系中的错位。直面医者经常看到的情况：有一个个女子，身体长大了，情感还是小女孩，她在找爸爸；有一个个男子，身体长大了，情感还是小男孩，他在找妈妈。

591. 在我许多年来的工作中，我看到了许多受苦的人，我称他们为“容不得阴影的人”——他们容不得自己有合理的消极，容不得自己有合理的低落……为了排除人性里那些本为自然的消极与低落，他们受了许多不必要的苦。

南樵：许多人不知道，也不相信：光影交错才是人性的健康状态。

592. 在许多人身上我还看到这样一种情形：因为太要强，反而陷入虚弱；又因为不甘于这虚弱，就陷入痛苦与挣扎；又因为痛苦与挣扎，就不断损耗自己。于是，自我不断受损，自尊不断受伤。

南樵：在症状里，直面医者看到一种好胜与虚弱的悖论。

593. 因为太累和太苦，就到处找安慰。

找安慰时又怕会暴露“软弱”，就只在安全关系里（如父母那里）找安慰。

因为不能满足，就扩大范围去找，找到了朋友、亲戚，向他们大吐苦水。

结果是，除了父母跑不掉，其他人都跑掉了。

南樵：最后，他还有一个人可找：心理咨询师！从此之后，他可以做出一个决定：不再求安慰，而是求成长。

594. 人生可以体验三个境界：神的境界、人的境界、魔的境界。

真正的人生，是立身于人的境界，但可以接受的是，人偶尔会上升到神的境界，偶尔也会堕入魔的领域。但他还是人。

但有这样一些人，他们不甘立世为人，总要飞天做神，并想永远保留神的体验。但神的体验只是一时的，不是永远的。

因为不能做神，又不肯做人，便陷入痛苦与挣扎，就生活在完全黑暗的体验里，就堕入了魔的领域，让自己成了魔怪。

南樵：做人最好，也只能做人。

595. 症状里有一种赌气：如果不是我想要的那种好，我就毁掉自己给你看。

南樵：不仅要了解症状的原因，还要了解它的动机，亦即，不只是“因为什么”，还是“为了什么”。

596. 真正的满足，在深度关系里；

真正的快乐，在自我创造里。

南樵：在关系与创造里实现真正的人生。

597. 单纯而善良的心，这本身就是祝福——既是对他人的祝福，也是对祝福的邀约。

南樵：单纯而善良的心，会造就一个祝福的场。

598. 人的区别，常常来自幼年时期内心里种下的是什么。

南樵：因此，直面医者问来访的父母：你在孩子的心灵里播种了什么？

599. 关系的意思有时候是这样的：接受别人对你好的表达，处理别人对你不好的情况。

南樵：对关系具体到位的表述。

600. 成熟的人既有正式的能力，也有游戏的能力。

南樵：可以严肃，可以活泼。

601. 天真之人，并不是把一切看得简单，而是，该简单不简单。

南樵：天真之人不是小孩子，是该长大却没有长大的成人。他们不是头脑简单，而是该简单时不简单、该复杂时不复杂。他们缺乏一种化繁为简的能力，因为看不到本质，就在形式层面上有许多的愁烦——一边愁烦，一边依然天真。

602. 那样一些有禀赋的人：

因为长期受困于某种障碍而无所作为，就成了病人；

因为找到了某个途径去充分实现自己，就成了天才。

南樵：直面医者每天都会遇到这样的人：来谈话之前，他们的成长受阻了、停滞了，被认为是病人；在谈话之中，他们经历了觉察，实现了转化，发现了自己；在谈话之后，他们回归了现实，找到一条路去充分成为自己，甚至成了天才。

603. 请选择：做求助者，还有机会长好；做治疗师，害人又害己。

回答：做治疗师。

南樵：在心理咨询领域，也有这样的人：曾经受伤，没有接受治疗和经历疗愈，却选择去接受心理学培训，在身份上成了咨询师或治疗师，渐渐“忘记”了自身需要得到医治，开始去治疗别人。这便是心理咨询行业内“盲人骑瞎马，夜半临深池”的情况。

604. 成为个体最重要的是：

基于自己的情况；

做出自己的决定；

选择自己的方式；

接受任何的后果。

南樵：直面医者有一个最根本的发现：许多人的问题在于没有成为个体。而直面医者最基本的工作，就是给他们指出一条可以成为个体的路。

605. 孙闻说："世界之大，无奇不有。每个人都像海底的一个怪物一样。"

我说："这海，便是潜意识；这怪，便是昧于潜意识。"

南樵：每个人按自然的方式去长，就长成自己的独特。但因为昧于潜意识，就长得很奇怪。

606. 生活在人生不测与惊魂未定中的人儿，看到花开也惊心，因为想到了花落。

南樵：神经症就是面对人生不测时的惊魂未定。

607. 当一个人对自己说："我怎么可以不好呢？"

症状朝他走来了。

当一个人可以接受自身的不好，

改变立刻发生了。

南樵："接受"是人生最重要的智慧，它包含这样一种悖论：当一个人接受自身的不完美，症状就对他无奈了。然而，当一个人强求自己接受一切，他就成了一个宿命论者。

608. 当你不安，接受不安；

当你停滞，却要流动。

在不安中流动，在流动中创造。

南樵：成长之本质，治疗之奥秘。

609. 生活的意向是：既是生命，就得生动。

症状的诱惑是：脱离生活，躲避他人。

疗愈的奥秘是：不理症状，坚持生活。

南樵：这便是直面心理学的基本理解！

610. 一个来访者对我说："当一个人被打开了，她一下子就明亮了，她就可以随意了，她便体会到自由了，她去吃一碗小面条，发现面条也好吃了……"

当然，她说的是她自己。

南樵：一位女性从长期的心理困扰里走出来了，直面医者从她的话中感受到一种得到释放的自由与轻松。

611. 别人怎样对待你，你就怎样对待别人，就这么简单。

如果是这样，你害怕什么？

南樵：许多人在关系里很害怕，直面医者就对他说这句很简单的话：别人怎样对待你，你就怎样对待别人。这是人际关系的基础。但是，如果一个人要再朝前走一步，直面医者就对他说另一句话：你希望别人怎样对待你，你就先去怎样对待别人。这是人际关系的境界。最后直面医者还有一句话，是为了提醒：不管你怎样做，都不会万无一失。

612. 时间是一本书，可以往前翻阅，也可以往后翻阅；

时间是一本书，可以往前书写，却不能往后改写。

这便是人生的奥秘。

南樵：许多的心理困难就"卡"在这里：无法接受时间的规定性，总想改变过去发生的事情。

613. 在人际关系中只需要做到两件事：一、说出来；二、问明白。

说出来，让自己舒畅；

问明白，让关系通畅。

南樵：与此相反，人际关系的困难就在这里：一、不能说出来——只好压下去；二、不能问明白——暗中犯嘀咕。

614. 健康的条件是：信任你的本能。

症状是对本能的不信任和违背。

南樵：直面的疗愈之道：回归本能，活出本真。

615. 你制造了一样东西，然后又拼命逃避它——它就是症状。

在你拼命逃避它的路上，我又看到你的手紧紧抓着它——这就是你跟症状的关系。

南樵：如果把这话跟来访者说出来，他不会承认的。相反，他会瞪大眼睛：这怎么可能？

616. 来访者："在人生中的艰难时刻，当我经历时，我发现自己如同一个英雄。当我回忆经历的艰难，我有一种英雄般的体验。"

咨询师："因此，不是悲哀地活着，不是悲观地活着，而是悲壮地活着。现在，你冒着冰冻去上学，这本身就成了一种英雄的行为。"

南樵：一个逃学的来访者在经历咨询之后，重新去上学了。对她来说，这是一种壮举。

617. 神经质里有一种对"纯粹"的追求，这种追求既可能产生创造力，又可能产生神经症。

南樵：怎样让它产生创造力，而不是神经症？回答是：觉察。亦即，你知道怎么使用纯粹，也知道把它用在什么地方。

618. 生命是一个系统。在某个隐微之处有一个机关。

机关闭锁时，百无一通，即症状；

机关打开时，一通百通，即疗愈。

直面医者的工作就是促成这转机发生。

但直面医者的挑战是：他工作了许久，转机未发生，似乎也没有迹象表明它会发生。

然而它在发生，只是没有显露出来。直面医者的工作正在产生一种影响，这影响正在向系统内部的每一个部分渗透，会触碰到那个在隐微之处的机关。

终于在某一时刻，那机关打开了，效果便产生了——由下而上、由内而外，仿佛春夜里的一场喜雨，以润物细无声的方式发生了。

南樵：读懂了这段话，你就预备好了！既可以去接受心理咨询（如果你有这个需要），也可以去从事心理咨询（如果你有这个愿望）。

619. 你头疼，也许是因为你总要去满足别人的期待，忽略自己的需要。在这一点上你对自己很头疼。

你紧张，也许是因为你总盯着自己不放，总拿别人的眼睛看自己。你终于把自己看得紧张起来。

南樵：人们知道自己的身体和情绪出了问题，却不知道那背后的始作俑者就是自己。

620. 当你在过度的防御里，你就在症状里。

南樵：症状常常是过度的自我防御，亦即逃避之一种。

621. 生命不是一个实现某个单一目标的进程，一个人可以一边行走，一边欣赏沿路的风景。

但是，如果一个人忘了自己要去的地方，只是流连于路边一处处风景，他会误了行程。

南樵：只有目标的人，会因为无趣而中途放弃；没有目标的人，会因为飘游而最终不达。

622. 在症状里，我常常看到一样东西：不适当的欲望。

南樵：适当的欲望产生动力，不适当的欲望形成阻碍。

623. 有人这样评价她："这个人缺一窍！"

我不免想，她缺的这一"窍"是什么呢？我想到的答案是：情感。

因为缺这一窍，她就被"症状"（她还以为是真理呢）牢牢控制了，不能进入本质，也不能得到自由。

于是，时时与处处，她都在错位中，自己并不知道。

不管她长得多漂亮，有多少知识，也没用。

她也不明白，总问："这是怎么一回事啊？"

南樵：这一"窍"，是在成长过程中慢慢长出来的，也是在成长过程中慢慢失掉的。不管长出来，还是失掉了，都不知不觉。有了这一窍，人们不觉得有多少好处；缺了这一窍，不管什么都觉得不大对劲儿。就这么小小一窍，对任何人都十分重要。

624. 一个人给我写信："在我疲累的时候，我变得更加没有自信，没有勇气释放真的自己，也没有什么自己。为了吸引别人喜欢我，我应付社交，奋力表演，可得到的只是那种微弱的存在感，还有我最讨厌的冷笑。这让我真的太累了。每天生活在人群中，我却越来越匮乏。我积压了情绪，我有太多奴性，生活的不确定捆绑着我，我动弹不得。我愤怒，却找不到发泄的出口，唱歌玩游戏都不行。所以我埋怨我妈，甚至想打我家的狗……"

我回信："来跟我谈话！"

南樵：所谓症状，并不是一个具体的东西，而是一种不对的状态——它渗透在内部，又表现在外部；它随处可见，又无迹可寻。

625. 症状里有一种渴望：把世界变成自己的家，把每一个人变成自己的父母。

成长里有一个意识：把自己的家看作世界，把自己的父母看作每一个人。

南樵：家庭养育的根本就在于父母在预备孩子朝哪里走：是走向世界，还是走回家庭？

626. 别人赞扬，你做得好；别人批评，你也做得好。这样，你就可以活得好。

你做到前一半，却做不到后一半，因此做得半好不好，也活得半好不好。

南樵：活得好与活得不好，取决于你对别人的赞扬或批评持怎样的态度和做出怎样的回应。

627. 问题有两种：一、不愿承受人类要承受的东西；二、要承受人类承受不了的东西。

我问一位来访者："你是不是觉得自己不是人类，因此不肯承受作为人类本该承受的部分？"

我问另一位来访者："你是不是觉得自己不是人类，因此要承受作为人类承受不了的部分？"

南樵：因此，有许多痛苦来自我们意识不到自己是人类。

628. 因为感觉被忽略了，所以孩子们得了感觉的病。

南樵：父母不大关顾孩子的感觉，反而总是批评孩子的感觉，父母和孩子都将为此付出代价。许多父母并不知道，许多类型的心理症状，是从被忽略、被指责的感觉里发展出来的。

629. 人生需要这样的时刻：

风一吹就清醒了。

南樵：心理咨询如风吹过。

630. 父母不在意孩子在说什么，只在意让孩子干什么。

南樵：一些年后，孩子出了问题，父母才意识到，原来是孩子过去受压抑太多。父母就问孩子：你当时怎么不说啊？孩子答：我说了你们会听吗？

631. 别人是别人，你是你；

别人做别人的事，你做你的事；

别人有别人的情况，你有你的情况；

别人有别人的目标，你有你的目标。

你分清了这些，怎么可能会让自己受制于人？

南樵：学会分开，才会不受牵累，才会成为自己。

632. 在家做父母的依附者，出来就只能依附别人。

别人不让你依附，你就孤独、受挫，甚至愤怒了。

南樵：面谈室里，司空见惯。

633. 直面医者说："回去吧，找妈妈吃奶。"

如果一个人在心理上不能断奶，他就不能走向世界，他只有一个去处：精神病院。

因为妈妈没奶了，他就只能吃药。

南樵：直面医者会说直接的话，但不是为了伤害，而是为了提醒。但直接的话也不是对任何人都说，也不是在任何情况下都说。

634. 光影交错，就是保持我们的光亮，同时与自身的阴影达成和解。

但我们的文化、教育、宗教教导我们与自身的阴影战斗，这战斗常常导致光影隔绝和自我撕裂。

南樵：这是直面心理学的人性观：人性最健康的状态是光影交错。

635. 这便是许多神经症者的境遇：他们的资源比一般人丰富，他们的生活比一般人枯燥，因此转而去做头脑的游戏。

除非他们经历了疗愈，获得了觉察，找到了自己的方式，充分使用自身的资源，并且知道把自身资源用在哪里。

南樵：不是你有多聪明，而是你在怎样使用你的聪明。

636. 因为情商太低，在世界上无路可走，只好走一条试图超绝人类的路，这条路的目的地是：病。

南樵：直面医者叹曰：唉，在这个世界上，有许多人正走在这条路上。

637. “我曾给自己起了一个名字，叫何毕，它的意思是何必。

因为看到许多人折磨自己，我只能说：‘何必！’并用这个名字提醒我自己。”

我说：“别人也没有花钱让你表演，你何必这么卖力？

许多东西都是暂时的，你何必那么在意？

人家表演，至少也是为了谋生，你这是为了什么呢？”

南樵：为了自己的缘故，遇到不值得的事情，就对自己说：何必！

638. 个体的意思是：我一个人可以。

关系的意思是：有两个人很好。

寄生的意思是：我一个人不行，两个人我也不行。

关系在两个个体之间发生，寄生就是其中一个还不是个体。

南樵：寄生是依赖，关系是成长。生命养育的核心是造就个体、发展关系，而不是造成寄生。

639. 父母有多高，孩子就会长多高，甚至更高；

父母有多矮，孩子就会长多矮，甚至更矮。

提醒父母：如果你矮，孩子也矮，就放手让孩子出去跟高人学长高。

但麻烦常常是：矮父母总觉得自己就是高人。

提醒孩子：如果你矮，父母也矮，你自己要离开父母去找高人学长高。

但麻烦常常是：矮孩子常常离不开父母。

但也有这样的父母：他们知道自己矮，就放手让孩子自己去长高。这便是自然的父母。自然的父母就是高的父母，就会养育出高的孩子。

南樵：在面谈室里，我看到许多本来可以长得很高的孩子，被矮的父母压得很低，就病了。病是生命受到压抑而导致的低矮，心里又不甘于这低矮。

640. 有两种好奇心：

一种是自然长出来的好奇心——它很宝贵，会带我们去探索人生，找到许多成长的资源；

另一种是长期受到禁锢而延迟出现的好奇心——切要当心，因为它会把我们带到一个个危险的地方，它有另外一个名字叫傻，叫憨大胆。

南樵：有许多人因为失掉了好奇心，活得低落而漠然，且不知道所以然；也有许多人成了憨大胆，在生活中被撞得头破血流，还不知道回头！

641. 你现在经历的，只是现在经历的，不是将来，更不是一切。

不管发生什么，朝前行进便是。

南樵：对焦虑者的提醒！

642. 最近家里来了亲戚，她的手机短信铃声是一种水鸟的叫声，而这段时间里，我一直以为有一只水鸟在我家房顶筑巢了。

后来才知道是手机铃声。

我开始想，我对世界的感知是不是有一种浪漫的错位？

但又一想，到目前为止，这种错位似乎时而给我增添了一种额外的喜乐，至少减少了我所受的苦。比如说，周围的人都说我压力大，我却感觉不到。这一定是我那浪漫的错位带来的益处。

于是我想开了，傻就傻点吧，错位就错位吧。

南樵：直面医者呵呵笑道：二十年来，几乎每天在面谈室里跟人谈话，如果听不到水鸟的叫声，怎么把工作继续下去？

643. 我有一个小朋友，她转给我一段话，其中有一句对我特别有触动："我黄叔叔对我说，天然绝对没有问题，天才是这样的——看似慢，但最后什么都做成了。"

我的感触是：许多年来，不管在生活中，还是在面谈中，我看到许多这样的情况：一个人想借助某个途径超绝人类，最后反而陷入了症状，然后他又想找到某个方法一下子解决一切，结果十年走不出来。

古人说得好：欲速则不达。

南樵：我想把这句话抄给我的儿子：天然绝对没有问题，天才是这样的——看似慢，但最后什么都做成了。

644. 你不是你自己，你是他人的反射物。

做别人的反射物，自己就成了一种很稀薄的存在。

南樵：直面医者看到太多的人因为跟别人比较而失掉了自己，那情形简直成了"不比较，不存在"。因此，他们是一种比较的存在，而不是独立的存在；他们是人生的陪客，而不是主人。

645. 一个以感觉为第一关注的人，就是还没有长大的人；

一个以感觉为唯一关注的人，就是病人。

在某一个时段能够进入以上这两种状态，并且能够在另一个时段走出来的人，就是诗人、艺术家和人类各个领域的天才。

南樵：能够体会所有这几种状态的人，是直面医者。

646. 这叫自然：什么来了就让它来，什么要走就许它走。

南樵：做到了，就臻于“了无挂碍”之境，哪里还会有“病”！

647. 在阳中暗藏着阴，在阴中孕育着阳，你只需要做一件事：等待转换发生。

好，就高兴吧，哪怕它是暂时的；

坏，也不用怕，它肯定不是永远的。

南樵：阴阳智慧，谁能测透？

648. 因为求全心态，怕出纰漏、怕受责备，就干脆自己吓唬自己、自己责备自己。

南樵：人们称为“病”的东西，却成了直面医者的视角，可以借此洞见人类心理的万千气象。

649. “控制得好”不如“成长得好”。

一个人从小一直被控制得太好，长大了就失控了。

心理症状就是长期受控而导致的失控。

它的发生总伴随着许多父母的惊讶：“好好的孩子，怎么一下子变成这样？”

但不是“一下子”，它一直都在发生，只是父母看不到。

因此，孩子成长得好，父母也会暗自惊讶：“怎么会越长越好！”

南樵：控制得好，是一时的好，好下有坏；成长得好，是长远的好，好上加好。

650. 在你最光亮的时候，你看不到自身最深的阴影。

南樵：能够看到自身阴影的人，是觉者。

651. 控制最好的时候，滴水不漏。

但一直担心某一个地方会漏一滴水，并且以为，漏一滴水就全完了。

南樵：如果没有了控制，哪里还有“病”？

652. 人其实也是可笑的，我们要经常笑笑自己。

这至少是一个提醒。

南樵：从来不自嘲，生活多无趣！

653. 曾经有多少个时刻，我们陷入某个处境和某种情绪，以为天塌下来了，要死要活。

事情过去了，我们回头来看，说：“嗐，这算什么事啊！”

过了一阵，我们就忘记了。再遇到某个处境或某种情绪时，我们又以为天塌下来了，要死要活。

南樵：难道人的天性里有一种“no zuo no die”的倔劲儿?！这倔劲儿包括两个方面：一、人是习惯的；二、人是健忘的。

654. 如果完全不在意别人的看法，那是石头，不是自我；

如果只在意别人的看法，连石头都不是，那是完全没有了自我。

南樵：有自我的人，才有自己的看法；有自己的看法，才会长出自我。

655. 当一个人开始接受自己的局限和错误，他就会同时看到自身蕴含的能量和独特之处。

南樵：把自己看作一无是处的人，往往是最骄傲的人——他内心里有一个完美的自己。

656. 生命有两种状态，一种是“成长得好”，一种是“控制得好”。

二者常常被认为是一样的，因为都呈现为“好”。其实它们区别很大：

“成长得好”的人，一定会活出自己；

“控制得好”的人，有可能变成机器。

“控制得好”往往是：被迫的、被动的，只是为了受关注、得表扬，因而害怕被批评、被忽略，装好、顺从，压抑自己的意愿和需求；

“成长得好”常常是：真实的、自然的，敢于说出自己的需求，敢于提出自己的要求，包括表达不满，也有自我激励，并能与人合作。

“控制得好”是勉强做出来的好，只能好，不能不好，因为太想好，反而失控，最后导致不好，再也没有动力好；

“成长得好”是自然长出来的好，可以好，也能接受不好，因为敢于真，也能够好，才是真好，会一直好下去。

南樵：原来，不只是好，更是怎样才好。

657. 我家院子里有四棵树，正好对应我家四口人：儿子是菩提树，女儿是桂花树，孙闻是香樟树，我是银杏树。

此时此刻，我们一家四口就坐在院子里看着这四棵树，这四棵树也在看我们，它们会不会也觉得这很有趣呢？

南樵：直面医者的生活中随时有一点小情趣！

658. 有三种孩子：父母的孩子、自然的孩子、自己的孩子；

有三种成长：得到父母的养育而长大、得到自然的养育而长大、做自己的父母把自己养大。

南樵：有这样一些人：小时候受到父母的损伤，巴不得离开父母；长大了本可以离开了，却回头盯着父母不放，指责父母不好，要求父母补偿。结果是，自我成长的进程停下来了，这就是所谓的“病”。我对他们说：做自己的父母，把自己养大！

659. 我们的养育扎根在一个很深的文化习惯之中，它的特点就是：要求孩子听话、乖。孩子有一点不乖，父母就发脾气，甚至殴打孩子。

父母并不知道，孩子表现很乖，是因为害怕被父母抛弃。他们一边讨父母欢心，一边在暗中受许多的苦。

到了社会上，太乖的孩子也会害怕别人、讨好别人，强求自己顺从，甚至干脆就是为别人而活，最后陷入极深的绝望和虚无。

南樵：心理咨询不只是关顾个体的苦，还要去关注导致个体受苦的文化因素，并呼吁文化更新，让人少受不必要的苦。

660. 信任你的本能，生命会自然、通畅而安全；

压抑你的本能，会产生许多纠结，消耗大量能量。

南樵：本能里本有预备好的智慧和能量，可惜的是，文化用恐惧堵塞了它的各个通道。

661. 一个人用 99% 的力气去逃避，在逃避中扔掉了所有宝贵的东西：友情、理想、兴趣、经验、尊严、常识……最后只剩下一件丢不开的东西：逃避。

南樵：当一个人尝试直面一点点，再直面一点点，那些被扔掉的东西就会一个个走回来——因为它们本来就属于你！

662. 她到处求安慰，哪怕看到一只狗走过，都想过去吃一口奶。

南樵：有一个女子在一岁时失掉了母亲，从此她内心里就驻留着一个一岁的小女孩，她一直哭喊着找妈妈，要吃一口奶安慰自己。这成了她跟人相处的模式，并不断给她加添新伤。

663. 不要靠发毒誓来刺激自己。

毒誓太狠、太毒，会伤人、伤己、伤身、伤心。

南樵：要使用自然的力量，它不会损伤生命。

664. 喜欢与人比较，眼睛只看别人，不看自己——不看自己的内心、不看自己的需求、不看自己的条件、不看自己的处境，就慢慢看不见自己了，就渐渐失掉了自己。

南樵：心理成长的目标是活出自己，心理症状的本质是失掉自己，心理治疗的核心是找回自己。

665. 被父母宠坏的孩子常常有这样一些特征：缺乏经验、不接地气、不通人情、思维单一，头脑里有许多不切实际的愿望，并要求立刻得到满足，不然就不依不饶，借故装疯卖傻、满地打滚……

这样的幼弱行为到了惯于诊断的“医生”那里就成了症状——你是“假作真时真亦假”，他是“真作假时假亦真”。呵呵，你玩不起的！

南樵：直面医者提醒：警察用“铐起来”对付人类的冲动行为，医生用“吃药”对付人类的幼稚情绪。二者皆是一种限制，却不能给人带来真正的成长。

666. 人生过了许多年，我有几种害怕，几种怀疑。

我害怕一个人满口讲真理；

我怀疑如果他掌握了权力会怎样。

我害怕一个人太圣洁；

我怀疑人性里合理的阴影在哪里（我想到了阴影投射）。

我害怕一个人只说爱别人；

我怀疑他爱不爱自己。

我害怕一个人境界太高，高得超绝人类；

我怀疑他会不会从高处跌下来（或许正好砸在我身上）。

我害怕一个人太爱我、太靠近我、太依赖我、太崇拜我……

我怀疑他不知道我，也不知道他自己，不久之后，同样出于不知道，他会恨我、离弃我、要挟我、攻击我……

我害怕一个人太科学、太理性；

我怀疑他已经不会说关系的话语（关系是从情感里出来的）。

我害怕一个人到我这里来找真理，找绝对的爱，

这时我就不再怀疑了，而是很肯定地告诉他："我没有！绝对没有！"

南樵：直面医者大声提醒：我们都是人，不要装！

667. 好的心理咨询是一种福分，但要得到这种福分，就需要有一种缘分。

如果缘分没到，或者本来有缘，却被忽略甚至破坏了，那就没有办法了，我就只好祝福对方，说："这要看你的造化了。"

我这里所说的"造化"，里面既包含着不确定性，又是一种敞开的态度——因为，什么都可能发生。

佛家有说法：佛度有缘人。

基督也会问：你相信我能医治你吗？

有缘者留，无缘者去；相信者留，不信者去。

心理咨询里有话说：来者不拒，去者不追。这也是一种态度，其中有接受，也有尊重，也有等待，也有无奈。

失掉缘分的因素有很多，在来访者身上大致如下：

一、他没有长大，因此不知道；

二、他太骄傲，飞得太高，落不下来了；

三、他自幼被家人保护或娇纵，现在就把接受心理咨询当成一种新的得宠方式；

四、他太迷恋于自我安慰，没有准备长大；

五、他患得患失，不敢付出；

六、他害怕走到深处，习惯于在生活浅处游走；

七、他到处找来找去，看似很忙，找来许多东西堆在那里，却不知道找自己；

八、他没有建立起自己的凝聚中心，生命散落一片，无从着手建立，甚至可能一直都建立不起来；

九、……

于是我说："去吧，从此看你的造化。"

南樵：说了这些，如果还是听不懂，那也是一种"造化"。

668. 心理咨询可以分为两个方面——安慰与挑战，但两者又不可割裂开来。

安慰是为了让人暂时离开太过尖锐的现实——因为他曾经受伤；挑战是为了让人直面他的现实——不管这现实多么惨淡。

如果没有安慰，人会被压垮、击碎；如果没有挑战，人就一直是婴儿、长不大。

困难在于：许多人喜欢安慰的一面，不喜欢挑战的一面。

南樵：直面医者也是如此：时而菩萨低眉，时而金刚怒目。

669. 有人看似愚笨，却扎根了；

有人看似聪明，却飘离了。

南樵："扎根"是直面心理学有关生命成长的重要概念，"飘离"是许多类型的心理困难的典型特征。

670. 探索，就是决意要走很远的路；

持守，就是永远记得回来的路。

南樵：生命需要延展，生命也需要凝聚。

671. 心灵是生命的房舍，不确定性是世界的龙卷风。

幼弱的心灵只能祈求不要有不确定性，坚固的房舍却可以抵御任何龙卷风。

南樵：在一个充满不确定性的世界里，我们所能做的就是让生命变得强健。

672. 小时候被逼出来的神童，长大就变成了神经症者。

天才是天赐的礼物，在自然里长出来。

南樵：不适当的养育把有天分的孩子逼成了神经症者。

673. 鲁迅曾说，悲剧是把人生最有价值的东西毁灭给人看。

几乎每天我都会看到一个人的心灵从幼年开始被渐渐毁灭的过程。

更悲惨的是，毁灭他的常常是他的亲人，而他的亲人并不知道。

南樵：在面谈室内，当真相呈现出来，父母眼泪横飞。

674. 改变很难是因为：

一、我们很难接受改变需要一个过程；

二、我们很难接受在改变的过程中问题又出现了。

当我们学会了接受，改变就不那么难了。

南樵：当一个人知道改变为什么难，改变就不那么难了。

675. 他们不肯看现实，头脑里有许多幻想。

你提醒他们看现实，他们就开始幻灭。

南樵：直面医者遇到许多这样的人：在头脑里幻想，在现实里幻灭。

676. 我们走出幻想，但不是走进幻灭；我们走进现实，但不是走出理想。

南樵：直面的根本：面对现实，保持热忱。

677. 你的现实是什么？

一、你的角色；二、你的处境。

认清这两点！

南樵：永远值得强调：认清你的现实！

678. 我不听你说什么，我看你做什么：

说的时候，你在忽悠我；

做的时候，你暴露了自己。

南樵：这句话的来源是：来访者说了前一半，直面医者说了后一半。

679. 人可以选择相信，可以选择不相信，这没有问题。

但是，许多人做的选择常常是：对不可信的相信，对可信的不相信。

当然他们要为自己的选择付出代价。

南樵：人类之通病！

680. 许多人到我这里来，以为可以得到一个消除痛苦的方法，我却试图帮助他们建立一种学习痛苦的态度。

南樵：不是方法的治疗，而是态度的治疗。

681. 在你得意的时候，世界不像你以为的那么好，他人也不像你以为的那么好，你自己也不像你以为的那么好；

在你受伤的时候，世界不像你想象的那么糟，他人也不像你想象的那么糟，你自己也不像你想象的那么糟。

南樵：了解这一点，可以让我们过均衡的生活。

682. 成长不容易，养育非轻易。

南樵：直面医者在面谈中最深的感慨。

683. 每个人都可以生孩子，但不是每个人都会养孩子。

南樵：症状显示：是成长出了问题，也是养育出了问题，但根本还是养育出了问题。

684. 你在哪个地方受伤，你就在哪个地方做小孩子。

南樵：直面医者的工作，就是帮助一个个的人从徘徊不已的伤心之地走开，走到一个个让他们可以长大的地方。

685. 心理异常反映这样的挣扎：渴望成为自己，又害怕成为自己。

结果成了：他不能成为自己，也不能成为别人，就成了病人。

南樵：心理咨询是帮助一个人从“病人”回归“自己”。

686. 精神障碍者移情过了界，完全成了别人，便失掉了自己；

人格障碍者移情丧失了，完全没有别人，眼里只有自己；

心理障碍者移情有困难，既不能做别人，也不甘做自己。

南樵：不能成为自己几乎是所有心理困难的本质与根源。

687. 在“病了”的孩子后面，你常常会看到一个天真的、一根筋的母亲。

南樵：有一次，直面医者在治疗团体中说了这句话，有好几个人回应：你这不是在说我妈吗？

688. 她对我说："我不知道做什么。"

我对她说："因为你不知道你是谁。"

南樵：外面呈现为"不知道做什么"，根源却是"不知道自己是谁"。

689. 来访者说："我父母叫我来问你，我离不开家他们怎么办？"

直面医者回答："很简单，一脚把你踢出去，然后在门背后挂一根鞭子，你回来一次打你一顿。"

来访者问："那么我从此就不能回家吗？"

直面医者答："当你离开家，有了自己的生活，你就可以回父母的家了；当你离开父母，活出了自己，你就可以见你的父母了。"

来访者问："那时候，我父母会怎样对待我？"

直面医者回答："从前，你不肯出门，他们在家哀叹；现在，你归来了，他们迎出门外。从前，为了让你出门，他们踢你一脚；现在，他们张臂拥抱，欢喜你的归来。从前，门后悬挂的是鞭子；现在，门前燃放的是鞭炮。"

南樵：直面医者采用各种方法，只是为了帮助来访者做出一个决定：离开父母，独自去成长。

690. 有一个女子被称为"白富美""女神"，她从小到大一直做"学霸"，现在，她产生了一种问题，表现为"不做事，就焦虑"。最近因为有一件事不遂她的意愿，她一下子崩溃了，什么都不想做了，却心有不甘，天天都在那里想要做什么，但又不知道自己要做什么。她来问我："我不知道该做什么。"

我回答如下：

“为什么总要做什么？

难道就不可以不做什么？

难道你不做什么你就不存在？

难道只有做什么才证明你的存在？

难道不想做什么时就不可以不去做什么？

难道不可以等到想做什么的时候再去做什么？

难道你不是一个 human being 而是一个 human doing？

难道不知道做什么就得像要吃奶的婴孩哭喊：‘我该做什么？’

难道每个人都是你奶妈听到哭喊就过来喂奶——告诉你该做什么？

难道你不明白当你不知道自己要做什么可能是因为你不知道自己是谁？

难道你不明白当你可以坦然“不做什么”时反而表明了你现在可以安然‘做自己’？”

南樵：如果一个人可以安然做自己，他就可以坦然做什么和坦然不做什么。

691. 她长着一副柔弱的身体，她的心灵却明确而坚定，并且可以随时柔软。

南樵：心灵与外貌有时是两种不同的风景。

692. 当一个人失掉了好奇心，我不帮助他去寻找好奇心，我提醒他去寻找勇气。

南樵：当勇气回来了，好奇心就跟着回来了。

693. 受了伤，只知道疼，却不知道是怎么受伤的，后来还会受伤。

南樵：受伤却没有反思，就没有觉察，就不会长大。

694. 当关系出了问题，不是去向逻辑、理性、科学求答案，而是跟感情、感受、感知做对话，这样才会发展出关系的能力，才会建立关系的品质。

南樵：我们的问题常常是：太依靠头脑，太忽略心灵。

695. 我说："什么时候你会建立对你内在根源的信赖呢？"

她问："什么是内在根源？"

我说："就是不轻易被世界剥夺的东西，就是生命被夺走了它依然存在的东西，就是让你觉得活得值得、死而无憾的东西。"

她问："为什么要有这些东西？"

我说："当你有了对内在根源的确信，你就不再被身体的迹象所操纵，你就不再被世事纷纭所迷惑。"

南樵：因为没有确认内在根源，她天天担心她身体上出现的任何一点"异常"，不管别人对她说什么，都让她惶惶不可终日。

696. 我跟一个年轻的女子谈话，感到很累，便知道她的男朋友离她而去了。

她很惊讶："你怎么知道？"

我说："因为我内部有一个男性的本质。"

南樵：她接着会问：男性的本质是什么啊？直面医者进而回答：去问你的内心，那里有一个女性的本质。

697. 我跟一位母亲谈话，感到好压抑，便知道她的女儿发展出了心理障碍。

她很惊讶："你怎么知道？"

我说："因为我有一颗孩子的心灵。"

南樵：心灵的感通，是治疗的契机。

698. 我的工作是隐秘的：我做的时候，别人不知道；我做完了，别人还是不知道。

南樵：直面医者有一颗不求闻达的心，这心是自足的，不求别人的感谢来满足。

699. 来访者的行为有时让人很烦，但他们内心真的很苦。

作为直面医者，我们既要应对他们的烦，更要体谅他们的苦。

说到底，我们并不比他们好，我们只是比他们幸运。

假如我们有他们那样的遭遇，我们会陷入跟他们一样的境况。

南樵：直面医者的同理：人同此心，心同此理。因为我们本是有限的，我们也体谅他人的有限。

700. 听世界说话，不然我们就对别人无话可说；

听内心说话，不然我们就对自己无话可说。

南樵：我们的话语，构成了我们的生活。

701. 你不听这个世界说话，因此你听不懂这个世界的话语。

于是你成了独语者：一个人说话，在深夜里说话，在大街上说话，在大雨中说话。

妈妈把你找了回来，说："快吃药吧。"

南樵：一个在内心世界躲了十五年的人，他要经历的疗愈就是走一条回归自己的路，而这条路会很漫长、很曲折，有很多的反复，需要有足够的支持。

702. 成为个体的意思是：不依赖外在强力约束与推动，而有来自内部的自律与自动。

南樵：教育、文化、心理咨询的目标可以归为一样：让人成为个体。

703. 不仅看有无绝色，还要看是否可爱；

不仅看成绩，还要看成长；

不仅看智能，还要看情商。

南樵：稍稍朝深处看一点，就会看到更可靠的东西。

704. 一个女子让我讲一讲爱情，我迟疑不能语。

她说："放心，我能听明白。"

我说："不是，我是怕我讲不明白。"

南樵：有时，直面医者能够讲明白，但来访者听不明白；有时，来访者能够听明白，但直面医者讲不明白。而这又不见得是阐释能力和理解能力的问题。

705. 去吸引所有的人，直到那个吸引你的人出现。

而不是为了寻找那个吸引你的人，把所有的人都忽略不顾。

南樵：当你自然绽放，每个人都会闻到花香。

706. 把生活中的每一个场景都当成相亲，直到你最喜欢的人出现在你面前。

南樵：这样的话，你就不用天天忙于相亲和被人逼婚了。

707. 你从不注目别人，也从不显露自己让别人注目，你怎么找到你爱的人？你怎么让爱你的人找到你？

南樵：真是"驿外断桥边，寂寞开无主"。

708. 没有一场让你受伤进而长大的爱情，你怎么懂得爱情？你怎么重新获得爱情？

南樵：致在爱情中受伤的人。

709. 如果没法找到那个人，你就设法创造一个人。

南樵：不只是“找到”，更是“创造”。即使找到了，还是要创造。

710. 相较于心灵对品质的要求，现实的供应永远都不够、永远都不是。

南樵：那就去找到一样，然后用自己的方式去创造它的品质。

711. 有高兴的事就高兴，有不高兴的事就不高兴，这是人类情绪的原始基础，它的名字叫本能。

修养不是违背本能，而是让本能更适当地呈现出来。

南樵：许多类型的心理困难有一个本质：本能受压抑了！直面心理学的治疗有一个取向：修一条路迎接本能归来！

712. 过去好，并不意味现在必须好；

现在不好，并不意味将来一定不好。

过去因为强求自己好，现在就付出了代价；

现在不再强求自己好，以免将来付出代价。

南樵：好不是强求的。强求的好是不好的。

713. 那个在家庭中受伤最深的人，后来就生活在一种悖论里：

她最有资格抱怨命运不公，她却最没有条件抱怨下去；

她最需要离开家去独自长大，她却最离不开家。

伤害让她太痛苦了，她想逃到任何一个地方去；

但伤害也是她最熟悉的，她又对任何一个地方都充满疑惧。

她太渴望成为一个被所有人爱的人，她却把自己变成一个乞求者，把亲近的人变成暴君。

时至今日，她依然受伤，依然受害，依然是一个人。

她哭："为什么对我这样？我这么善良……"

南樵：要破解这种命运般的玄机，最重要的是疗伤，让觉察发生，让成长发生，让人走向成熟与完整。

714. 因为父母把她的童年变成了恐怖剧，

她进而把自己的人生变成了恐怖剧。

南樵：在面谈室里，每天都在播放一幕幕"恐怖剧"，直面医者惊诧不已，又强自镇静——因为他要实施医治。

715. 我们对生活从根本上感到害怕，但我们不知道这一点，我们就去害怕生活中的某一点——一个人、一件事、一个念头。当我们害怕不已，又不明白，这就成了症状。

南樵：症状暗示：我们选择了一种对形式的怕，回避了我们对根本的怕。

716. 因为不能付出，所以最后失去——连自我都失去了。

南樵：在症状里，直面医者看到一种极深的自恋，一种别人与我无关的倾向，一种自给自足、闭关自守的态度，一种超绝人类而自在永在的欲求。

717. 我不是改变别人，我只是问别人："你愿意改变吗？"

南樵：这是心理咨询的态度，叫尊重，反过来便是强求，甚至强权。

718. 你不用为给他开药、加药负责（他可能一生都要吃下去），我却要为让他减药、戒药负责（我只是想让他成长起来）。

这是不公平。

你轻易说："你不懂。"

我无奈说："好吧。"

这也是不公平。

那么，我们来找一个可以扯平的方式吧：你找来一个人，认为对他只能施以诊断与用药。我来帮助这个人，不用诊断，不用开药。然后，我们一起来看看结果如何。

这样公平不公平？

南樵感慨：你懂诊断、用药，这没有问题，但你不懂人、不尊重人，那问题便大了。

719. 因为小时候一直被忽略，长大了就一直对别人说："你从不关心我。"

南樵：当补偿成了最深的动机，切要当心！

720. 直面的意思有时是：让它发生，看它怎样。

南樵：许多人一直在害怕某种情况万一发生，就一直生活在症状里——为了防范万分之一，失掉了万分之九千九百九十九。因此，直面医者说：让它发生，看它怎样。如果你敢这样做，症状奈你何？

721. 作为治疗师，我有这样的发现：

我犯的错误比来访者多，他们却因为犯了一点错就忏悔不已，这让我羞愧；

来访者做的尝试比我少，他们刚刚迈出去一小步就退回来了，这让我悲惜。

南樵：问题就在这里：花太多的精力去逃避，花太少的精力去直面。

722. 为什么他被称为"病人"？

因为他：

为了避免犯错误，没有机会做事情。

最终，他没能活出自己。

南樵：直面医者的话：成了自己，就不会成为病人；有了生活，就不会有症状。

723. 在妈妈大包大揽之下，孩子不能发展出“我能行”的体验，他内心总有一个声音：“妈妈，没有你我不行。”

南樵：我们的文化里产生了大量“大包大揽”的妈妈，因而就有大量逃避长大的孩子。

724. 有一个孩子一直被父亲用鞭子抽打，他终于长大了……

他从父亲手中夺过鞭子——抽自己。

南樵：一个在受虐中长大的人，可能继续虐害自己，也可能转而虐害他人，更可能既虐害自己也虐害他人。

725. 在她内部：

有一个小巫婆常常捣乱；

有一个大法官时时审判；

有一个小孩子天天内疚。

南樵：父母是大法官，不断责罚孩子；孩子很乖，在内部暗自长出一个小巫婆；小巫婆不断捣乱，小孩子在内疚中惩罚自己。这是许多神经症者的内心剧场，每天都会上演。

726. 一个孩子在父亲的“审判”下发展出一个“罪犯”的角色，他后来用一生去悔罪，还不断对自己实施判决。

南樵：读一读卡夫卡的《判决》吧，这是一个原型。

727. 当心灵在文化里感到窒息，就长出了症状。

症状是文化压抑的象征。

南樵：直面心理学如是观：症状的背后是出了问题的文化。

728. 一个人在生活中没有玩伴，症状就跑来做他的玩伴。

南樵：从咨询室的窗口朝外眺望，会看到生活中一个个独自行走的孩子，他们最后走到咨询室里来了……

729. 症状是害怕与渴望的混合体：害怕自己渴望的，渴望自己害怕的。

南樵：在症状里，分不清楚是害怕还是渴望。

730. 全面投身生活，症状无机可乘。

南樵：许多人对直面医者说：因为我有症状，所以无法投身于生活。直面医者对许多人说：全面投身生活，症状无机可乘。

731. 一个人发展出一种症状：身体疼痛。

那是因为他回避了生活之痛，也是他为了回避生活之痛。

因此，他的实情是：让身体疼痛。

南樵：对症状深入了解之后，直面医者发现，症状里有原因，也有动机。看到原因，是一个层面；看到动机，是另一个层面；二者都看到了，才是全面。

732. 当一个人充分地活了，他就不怕死了。

过好的生活，就是为死亡做好了准备。

南樵：直面生活者，也直面死亡。

733. 死亡带来的口信：

好好体验活着的每一刻、每一事、每一景……因为我正赶来。

像花一样按节令尽情绽放吧……因为我来了，会把时令带走。

南樵：知死，便知生。

734. 为了保证不出错，他把成长搁置了。

成长是冒险，不可能不出错。

南樵：要成长，就要冒险，成长路上，没有“万无一失”。

735. 那些充分活出自己的人，犯的错误最多，做的事情也最多。

南樵：真正的目标是：活出自己。

736. 一个神经症者的问题常常是“过度奋力”和“过度逃避”，他的身后跟着许多个“怕”，就像一个夜行人要摆脱身后追逐的许多条狗——他时而狂奔，时而躲藏。

你对他说：“停下来。”

他说：“怕。”

你对他说：“走出来。”

他说：“怕。”

你说：“没有狗。”

他说：“有。”

你说：“只有一只狗。”

他说：“有一群狗。”

你说：“是小狗。”

他说：“是大狗。”

你说：“是哈巴狗。”

他说：“是藏獒。”

你说：“好吧，我陪你走一段路。”

他说：“好啊。”

南樵：直面医者用象征说话。

737. 当你在它里面，你看到的全部是它，以为它就是你的全部。

当你到它外面，你看到的是它的全部，它不再是你的全部。

南樵：有人问：你说的“它”是什么？直面医者答曰：它是症状。它也可以是任何。

738. 醒过来了，就听明白了。

听明白了，就醒过来了。

南樵：孰先孰后，并不知道，也不重要。

739. 不管你去哪里，最终要回到自己；

不管你做什么，首先要做好自己。

南樵：因为失掉了自己，所以跑来了症状。

740. 一个流连于过去的人，他曾经受的苦就是白白受的苦；

一个投身于现实的人，他把过去的苦变成了现在的甜。

南樵：陀思妥耶夫斯基说：我不是害怕受苦，我害怕的是白白受苦。

741. 破碎的心灵在四处寻找纯粹与完美，

最后落入极端主义设下的各类陷阱。

南樵：破碎的心灵经历了疗愈，才绽放出人类精神最奇异的花朵。

742. 人生最深的动机是追求解脱。

有一种解脱是承受生命之苦，至死方休；

另一种解脱是视受苦为命运，接受一切。

南樵：解脱即自由。

743. 这是你孩子的土地，让他在自己的土地上播种、耕耘、收割，父母不要替孩子做这一切。不然的话，他将来也不会耕种自己的土地，他会说：“我没有自己的土地。”

南樵：父母应该能够听明白，我这里所说的土地是指你孩子的人生。

744. 要么成为神，要么毁掉自己。这是症状内部的一个意向。

南樵：这种追求完美的意向也是一种幼稚的情绪，俗名叫赌气。

745. 什么叫专业？

就是你在最隐微处工作，别人看不到；

就是你的工作产生了效果，别人莫名其妙；

就是你做得很轻松，别人费了很大劲也做不到；

就是你试图把其中的奥秘说出来，别人眨巴眼睛听不明白。

南樵：在这一点上，孔子的理解很好：人不知，而不愠。因为别人没有这个水平理解你，你生什么气呢！

746. 当一个人看到一个东西，就再也看不到其他了，他就被那个东西遮蔽了。

那个东西是症状。

虽然也有人把它称为信仰，或者叫做真理。

南樵：真不知道有多少被人宣称的“真理”，在本质上是症状；真不知道有多少宣称“真理”的人，在本质上是病人；真不知道到了什么时候他们会醒来，发现他们需要接受治疗。

747. 我加入了一个微信群，发现群里的人生活在不同的朝代——有来自原始社会的人，有来自奴隶社会的人，有来自封建社会的人，有来自资本主义社会的人，有来自共产主义社会的人，有来自民主社会的人，也有来自未来先知社会的人。

群里的某个人一说话，我就知道他从哪个时代来。有人刀耕火种，有人茹毛饮血；有人压榨他人，有人被人压榨，有人既压榨也被压榨；有人欺人，有人自欺，有人既欺人又自欺；有人充满平等、尊重的精神，有人内心充满苦毒、头脑充满偏见；有人活在幻想里，想把别人也拉进幻想，有人在不堪的现实里坚持着一种成熟的理想；有人防御厚重，天天在担心城池被攻陷，有人真诚坦率，随时愿意为别人做些什么；有人充满侵略性，每天都在攻城拔寨，有人公平正义，总想对社会有所贡献；有人如奴隶主和暴君，有人如奴隶和臣子；有人内心充满慈善与悲悯，成熟而奋勉……

大家自说自话、各说各话，有来自同一个时代的人会产生共鸣，为之点赞，也有来自不同时代的人表示反对，对之讨伐。所有的冲突都是隔着时代说话。也有无话可说的就默不作声，也有人自愿退出或被踢出。

在我的面谈室里，我接待的也是来自不同时代的人，我必须让自己进入不同的时代去跟他们说话，但我知道我属于什么时代。

南樵：直面医者的素养，可以称为文化敏感。

748. 在你需要的时候，它们都来了，仿佛听到了你内心发出的召唤：

存在心理学来了，你有了对生活的反思；

人本心理学来了，你有了对人性的接纳；

格式塔心理学来了，你有了对体验的专注；

直面心理学来了，你有了勇气去面对现实。

南樵：让我们的心一直在召唤，也一直在听召唤，这就足够了。

749. 本能为你找到了别人找不到的东西，头脑却让你把它们放弃了；本能为你创造了最适合你的人，头脑却暗自把他介绍给了别人。

南樵：头脑与本能本应合作，问题却是，它们常常打架。

750. 不带目的地培育，

不带条件地迎接。

南樵：这话不只适用于恋爱，也适用于任何关系。

751. “这个不是。”她走了。

“这个也不是。”她又走了。

“其实你不必寻找，只要培育。”我说。

“培育？”她问。

“就是相信对方有潜力和意向，就是让自己作为条件，让他的潜力借着你的条件长出来，这时你就看到，他沿着内心的意向向你走来了。”

南樵：有一个想恋爱的女子，到处走来走去，都没有找到她想要的人，直面医者便坐下来给她讲培育。

752. 症状总是：太用头脑去控制，太怕本能来捣乱。

结果则是：本能没有被使用，头脑却被搅乱了。

南樵：直面医者强调生命成长的三种合力：头脑、心灵、本能。

753. 你柔，那不是因为你弱，是因为你能接纳和包容。

强在柔内为柔韧，强在柔外为刚强，为强硬，为生硬……它的另一面是脆弱。

南樵：刚柔相济，力量乃生。

754. 抵抗人生磨难（包括病魔）的四个条件：

一、从生命里自然长出来的信仰；

二、从生活经验中磨炼出来的态度；

三、跟人建立深密联结的爱或情感容量；

四、为之奋斗不息的钟爱之事业。

南樵：直面医者的体悟。

755. 在直面，我接触最多的有两种人：一是在知识的天空飞得太高的人，一是灵魂太洁白的人。

我的工作方法是：把前者拉回到经验的大地，在后者的生命上抹一把泥。

南樵：有话说，“好”孩子上天堂，那是因为他们在世界上活不下去啊。又有话说，“坏”孩子游四方，意思就是他们在世界上活得自由自在。

756. 一次回老家跟表妹聊天，表妹讲到她的女儿，说女儿的班主任很好，给女儿安排座位，前后左右都是成绩好的同学。又说，女儿也很懂事，平常只跟成绩好的同学交往。

我问表妹：“女儿在一个安排得这么单纯的环境里成长，将来她遇到人生中复杂一些的情况怎么办？”

表妹说：“啊？这个问题我倒没有想过。我只是想让她受到好的保护，不要受到坏的影响……”

我不再说话，知道表妹以后一定会想一想这个问题。

我还想，将来要是遇到表妹的女儿，一定送她一个礼物：尘世的泥巴。

南樵：心理咨询无处不在。

757. 在生命的早年，父母需要给孩子足够的温暖。不然的话，孩子内心会结成一个冰块，可能终其一生都无法融化它。

南樵：症状可能来自心灵中无法消融的冰块。

758. 生活虽然艰难，生命却是坚韧。

虽然卑微如草，却深深扎根土地；

虽然遭遇许多不公平，却长出一颗平等的心。

南樵：直面医者的赞语，致一位从抑郁症中走出来，依然在生活的艰难中跋涉的来访者。

759. 奇怪的是，父母抱怨孩子不承担责任，却从来不让孩子承担后果。

我便对来访的父母们说："不替孩子承担后果，孩子就会承担责任。"

南樵：做到虽不容易，但做到就好了。

760. 有一个年轻人发展出一种心理的症状，他自己和他的父母都感到莫名其妙。

许多年后我发现：这个孩子的症状原来是他为父母的幼稚付出的代价。

南樵：在孩子的症状后面，直面医者看到不成熟的父母，或者父母的不成熟。更奇特的是，有许多不成熟的父母竟是社会上的成功人士。这让直面医者开始反思成熟与成功的关系。

761. 养育最终是为了让孩子独立，但不是走极端：要么不管，要么全管。

养育者要永远有一个意识：在关系里培育独立，在独立里维护关系。

南樵：直面医者对来访的父母说：你们管孩子太多。父母回答：我们过去从来都不管。直面医者说：也不是不管。父母问：到底是管还是不管？直面医者说：不是不管，也不是全管。

762. 一位来访者的生活反思：

“看到这位六十岁的女教授，我想起从前的自己。

我在三十岁醒来了，而她还在六十岁的虚妄里。

我便知道，我可以创造一种我想要的生活，我可以把自己创造成一个我要成为的人。

但不是那教授的生活，也不是那教授的样子。”

南樵：因为有了生活的反思，就会过上自主的生活。

763. 不了解本质的人，不会坚持原则，却很固执；

进入本质的人，能持守原则，又自由而变通。

前者病于固执，后者活在本质。

南樵：所谓症状，就是失掉了本质，固执于形式。

764. 一个人的心灵中毒了，我在其中发现了四种毒素：嫉妒、猜忌、骄傲、幼稚。

直面取向的心理治疗是一种排毒的方式。

南樵：也许可以这样排列：因为嫉妒，所以猜忌；因为骄傲，所以幼稚。

765. 有一位女子这样描述她的婚姻：“结婚前脑子进水，结婚后满眼泪水。”

现在的情况是怎样的呢？这个女子已经做出选择：让婚姻付之流水。

南樵：一场婚姻，三道流水。

766. 有一种损害是这样发生的：实现了一个又一个目标，获得了一次又一次成功，却失掉了成长的能力。

南樵：我们看到了许多成功者，却看不到那么多的成长者。更可悲的是，人不再成长了，反而成功了。

767. 以兔子、小猫、小狗为伴的人，回避与人为伴。

在这个时代，这样的情形竟越来越多了——难道是人出了问题，不足为伴？

南樵：当关系出了问题：人不足为伴，人不肯为伴。

768. 如果没有变好，至少没有变糟——因为本来可能变得更糟的。

事实上已经变得好一些了，虽然不像期待的那么好，也是好。

南樵：这便是心理治疗最实际的意义。

769. 科胡特说过一句话："不带诱惑的深情，不含敌意的坚决。"

我这里做一点改动："不带诱惑的深情，不含威胁的坚决。"

因为，在我们的文化里，威胁实在太多了，敌意也不少。

南樵：当教育里充满了"软硬兼施"，健康的人格就一点点失掉了——人被迫成了工具。

770. 以前看雨会落泪，现在看雨是享受。

南樵：这是一个来访者的感受。直面医者的理解是：这雨，就是我们的生活。眼光变了，生活就不一样了。

771. 你是你自己，你不等于局长。

不然的话，有一天你不是局长了，那时候你是谁？

南樵：许多人把社会身份与自我混同了，在失掉了社会身份之后，他们的自我也随之失落了。

772. 在她的幼年，别人（她的父亲）把毒注入她的心灵。

她没有能力排毒，只能一直毒害自己。

一些年来，她离群索居，她的居所如同一个蛇窝。

她的妈妈在远处观望，不敢靠近，也不肯离去。

南樵：直面取向的治疗是“排毒”，治疗的条件是：当事人意识到自己中毒了。

773. 从前只看到目标，现在看到了人；

从前生活在固定的程序里，现在进入到流动的经验里；

从前总感到焦虑，现在发现了乐趣。

南樵：直面医者陪伴一个人从“从前”走到“现在”。

774. 控制的父母常对孩子说两句话：一、“你要完全听我的”；二、“你不听我的我就不管你了”。

控制的父母之所以要控制孩子，是为了保证孩子不会给他丢人。

南樵：共生体家庭文化里有一种很深的东西叫面子，面子把一群人绑在一起，谁都不能为自己的行为负责，谁也无法成为自己。

775.“我不管你了”这句话需要辨析：

一、它不是鼓励对方独立，而是迫胁对方依从；

二、它削弱对方的独立意识，意思是说：没有我，你不行；

三、它带有一种咒诅的性质，意思是说：我不管你，你会倒霉的；

四、它含有一种嘲讽的意味，意思是说：我等着看你的笑话。

南樵：文化中最好的部分是鼓励人独立，文化中最糟的部分是迫胁人依从。

776. 他一直生活在症状里，他的文化不再更新。

其实，症状本身就是一个文化的封闭体，人在其中渐渐失掉了文化更新的意识与能力，内心只有旧文化在独白，却没有新文化进来与之对话。

因为失掉了文化更新，个体与群体都在病中。

南樵：考察一个人，最关键的是看他的文化有没有更新，亦即，他是不是在成长之中。

777. 因为在关系中受伤太深，她害怕关系、回避关系，又在暗中渴望关系，就转而跟一只小猫建立了关系。

结果是：她越来越通猫性，也越来越不通人性。

南樵：令人悲惜的是，在我们这个时代，这样的人越来越多了。

778. 我受了三十年的苦，现在我要从这苦里开出一朵花。

南樵：直面医者记录：一位来访者的话。

779. 在某些类型的人格障碍者身上，常常有两个主导人格：施虐者与受虐者，亦即鲁迅所说的狼与羊，或可谓之狼格与羊格。

至于谁会显露出来，那就要看对象是谁。如果对象是狼，他便显出羊格；如果对象是羊，他便显出狼格。

南樵：弗洛姆称之为施虐者与受虐者的共生体。

780. 在你内部有一个审判官，他一直在努力找证据证明你有罪，以便惩罚你。

这个审判官会以你的身份工作，他的原型是你的父母，以及其他的指责者。

南樵：幼小时受到太多的威胁和指责，会在内部变成一种极深的罪疚感，如果没有意识到它的存在，就会一直受它的惩罚。

781. 我们常常怪自己反应迟钝，其实是怪自己不够完美。

事实是：不管我们如何敏捷，也无法避免人生错失。

南樵：完美主义的表现形式多种多样，它总会集中在某一个点上。当我们无法接受人生错失的时候，我们就受到完美主义的诱惑。

782. 心理咨询不是让自己更科学，而是让自己更艺术——对咨询师和来访者来说都是如此。

南樵：心理咨询变得不可爱，根源是它想摆一张“科学”的面目。

783. 当你看到你自身的恶心，你就闻到你生命的馨香。

南樵：我们之所以恶心，是因为我们看不到自己的恶心。

784. 有一句话小时候不敢说，长大了不停说：“你不关心我！”

有一句话小时候不会说，长大了学会说：“我关心你！”

南樵：前一句话一直说，就没有长大；后一句话常常说，便长大了。

785. 读高三的时候，父母阻止我恋爱，甚至想打我。

刚读大一，父母就来关心我：“有没有谈恋爱？”

才相差多久啊，他们的变化怎么会这么大？

南樵：一位来访者的陈述，她看不明白父母背后有一种功利主义的焦虑。

786. 有些人遭遇生活的磨难，生命破碎了，却没有机会经历疗愈，因而度过了悲惨的，也令人悲惜的一生。

有些人却在磨难中成长了、成熟了，生命变得整全了。

还有一些人并没有亲历磨难，却看到他人的磨难、世界的破碎，因为有一颗“与哀哭的人同哀哭”的心灵，也得以成长、成熟、整全。

南樵：人生有磨难，或建造你，或毁掉你，就看你在磨难里看到了什么、从磨难中选取了什么。

787. 内功既深厚，
无招胜有招。
随手既是招，
何须去想招。
南樵：直面医者之境界。

788. 我是十字路口的一盏灯，
不是为了指引别人，
也不是为了显示自己，
我只是在那里，发出光亮。
你不必抬头看我，不必说谢谢，
你只需要看清道路，朝前行走。
我发出光亮，只是因为我是一盏灯。
南樵：直面医者之自况。

789. 我知道什么是成为自己，因为我知道对同样一个人，不同的人会有不同的反应。
有人说这个女孩好可怜，有人说这个女孩好不简单。
我既是他们之所说，我又不是他们之所说。
我不会在一个地方哭泣太久，我也不会在另一个地方忘乎所以。
我还赶路呢，因为我要成为自己。
南樵：面谈中，一个女孩如是说。

790. 如果没有心灵的参与，一个人在求知的路上会失掉许多体悟的时刻，他的生活就成了一场表演。

可惜的是，我们的教育正在把许多人变成演员，知识是他们的台词。

南樵：在单一的求知路上，许多人成了空心人。

791. 我为人人，人人为我，生命何其蓬勃；
我为自己，只剩自己，自我日渐凋零。

南樵：在关系中成长，在坚持中成为自己。

792. 成熟的人知道自己真正想要的是什么，并且会说出来。
不成熟的人不是不知道，而是不相信，也不敢说出来。

南樵：因为表达了需求，所以实现了需求。

793. 我这里陈述三个连续的事实：
我们从本能走来，我们失掉了本能，我们变得无力。

南樵：本能是我们的根据地，本能是我们的资源库。

794. 如果真是我想要的，我忠实于它；
如果不是我想要的，我不应付它。

南樵：关系的基本，为人的根本。

795. 我捅了自己一刀。
另一个我问："为什么捅自己一刀？"
但还是捅——因为那个捅的人和那个问"为什么捅"的人都是我。

南樵：因为不能成为自己，人们干脆捅自己。

796. 我有一部分要跟父母长在一起，另一部分要长成别的什么——但我不相信，也不敢去长。

最后我只剩下与父母长在一起的部分——但不知道那个部分是不是

我，也不敢去想。

南樵：一个在共生体家庭关系模式中苦苦挣扎的孩子对直面医者这样说。

797. 我不想相亲，却被安排去相亲。

那个男的一直说话，从夏商周说到如今，又从四大名著说到电影。我对他很不满意。

他问我："你对我印象好吗？"

我听到我嘴里说："还好吧。"

他说："那你今晚多陪陪我。"

我又听到我的嘴说："好吧。"

那天回到家，我想到自己好无能，半夜里一直哭。

南樵：咨询室成了一个瞭望社会的窗口，通过它看到许多人的压抑与伤痛。直面医者感慨：凡事皆有根源，只是当事人当时看不到那根源；凡事皆有出路，只是当事人当时不相信有出路。

798. 有一种盲目，叫看不到现实。

那么，是什么遮蔽了我们的眼睛？是谁剥夺了我们的判断力？

是一路追逐知识却没有心灵参与而形成的虚妄。

南樵：我们在虚妄里，看不清我们自己和我们的现实，无法做出选择。

799. 你在本质上跟任何人都不一样，因此不必强求自己跟每个人一模一样；

你跟所有的人都有共同之处，因此不必在任何一个地方故意与众不同。

南樵：我们是独特的，但不是特别的。

800. 需要沉默的时候，你不抢着说话；

需要说话的时候，你会坦然表达。

这是仪态。

你知道为什么这样做。

这是头脑。

把你能做的都做了，然后接受任何一种结果。

这是态度。

南樵：有了这三样，人就成熟了。

801. 当情感的创伤疗愈了，恋爱就自然发生了。

南樵：来访者总问：为什么恋爱不能发生？直面医者发现：那是因为情感里有伤。

802. 有人总盯着别人，只看到别人的优点。

他们用别人的优点打垮了自己。

这乃是出自比较的心。

南樵：比较的心是蜂蜜与毒药混合而成，它追求的目标是比所有人强大，但最终会打垮自己。

803. 人的顾虑大概有三个方面：

一、对安全的顾虑；

二、对得失的顾虑；

三、对“别人会看不起我”的顾虑。

这便是捆绑我们的三根绳索。

南樵：突破这三重顾虑，人就变得爽气。

804. 人生最令人悲惜的情况之一，就是有一群极聪明的人找到了症状，在其中躲避起来了——因为受了现实的伤，他们躲避臆想的伤。

南樵：症状背后是伤害，疗愈本来是疗伤。

805. 要处理顾虑，要打开局面；

要突破形式，要触及根本；

要超越暂时，要看到长远；

要走出僵化，要获得自由；

要放下面具，要活出真我。

南樵：这十要，不是强求，而是意愿。

806. 因为她过去一直读书学功课，找到标准答案就是好学生。

现在她到了十八岁，跟人交往就不知道怎么说、不知道怎么做。

于是她前来就问于我。

我提供我的答案，但绝对不是标准——我对她说：

“听别人怎么说，看别人怎么做；

想别人为什么这么说，想别人为什么这么做；

问自己可以怎么说，问自己可以怎么做；

自己反复练习怎么说，自己反复练习怎么做。

然后，你就知道怎么说，你就知道怎么做。”

南樵：许多孩子要经历的转变：从一个追求标准答案的学生转变成一个发展关系能力的人。

807. 神经质的人有冲动的勇气，却缺乏恒定的勇气。

他们需要通过觉察来建立恒定的勇气。

南樵：自我确认者身上有恒定的勇气。

808. 不仅要有高认知，还要有高自尊。

南樵：高认知选择益处，高自尊选择价值。

809. 因为单纯，所以有天分；又因为有天分却太单纯，所以受苦。

南樵：让单纯把天分交给成熟，让成熟把天分更好地呈现。

810. 因为缺乏节制，便只是一种铺张的美；

通过学习节制，可以培育一种含蓄的美。

南樵：美中有节制，节制中有美。

811. 神经质的人“明察秋毫”，在他们眼中没有美人。

特别是在精神的维度上，他们可谓是有洁癖的人。

南樵：把神经质用于鉴赏与批评，便造就了许多常人不及的天才。

812. 在这个层面有这个层面的问题，你的选择有二：

一、努力去应对这个层面的问题；

二、让自己上升一个层面，以便超越这个层面的问题。

如果你要做第二种选择，你首先得确认，你的选择不是为了逃避问题。因为每个层面都有问题。

南樵：面对问题，或应对之，或超越之。

813. 症状是百无一通，疗愈是一通百通。

南樵：心理治疗就是疏通。

814. 过去，父母逼孩子优秀，期待他翱翔天空；

现在，父母剪孩子翅膀，要让他飞不起来。

前者是出于面子，后者是落入俗套；

前者让孩子受伤，后者让孩子忧伤。

南樵：以前，父母逼孩子考上名牌大学，让每个人都羡慕；现在，父母求孩子结婚生子，他们可以含饴弄孙。

815. 治疗是一种等待，等待对方做好改变的准备，这准备叫意愿。

南樵：心理治疗产生效果的基础是来访者的意愿。

816. 当人生的困难与生命的不成熟相遇，它们合谋制造一件东西：症状。

南樵：不成熟者不足以应对人生的困难，因而会寻找一条逃路。

817. 如果你是幸运的，这当然是好的，但幸运的人只有一种选择：幸运；

如果你是成熟的，你有两种选择：可以承接幸运，也可以应对不幸。

南樵：直面医者问：有幸运，有成熟，如果二者只能选择其一，你会选择什么呢？

818. 抑郁症的背后常常有两个原因：

一、太多的压抑，苦待了自己；

二、太高的目标，累坏了自己。

南樵：太苦和太累，是抑郁症的根源。太苦，生活就没有了乐趣；太累，生活就失掉了动力。

819. 我问："你对生活有什么要求？"

她说："我没有别的要求，我只想一生快快乐乐。"

我说："难道你恨自己？"

她说："不啊。为什么这么说？"

我解释说："给自己提这么高的要求，岂不是折磨自己？"

她听我这么说，十分惊愕。

我问：“你对你孩子有什么要求？”

她说：“很简单，我只想他每时每刻都快快乐乐。”

我说：“难道你想害死你儿子？”

她说：“怎么可能？我巴不得孩子好啊。”

我解释说：“如果你儿子对自己有这样的要求，他的一生会过得很惨。”

她一脸懵懂，完全不知所云。

南樵：症状之所以成了折磨，是因为它暗含无法实现的要求。

820. 父母对孩子放心、放手，是在向孩子传递一个信息：你能行！

父母对孩子不放心、不放手，是在向孩子传递一个信息：你不行！

你的孩子行或不行，就看你在向他传递怎样的信息。

南樵：你在向你的孩子传递怎样的信息？

821. 那些生命达至很高境界的人，坦然行走在现实的大地上，神闲气定；

那些在现实中活得低落的人，却飘升到了云端，在虚妄中惶惶不安。

南樵：落身于你的现实，而不是飘升于云端。

822. 你的能量远远高于你能想象的；

你的困难远远低于你所臆想的。

南樵：陷入症状的人看不到自己的能量，却臆想出大量的困难。

823. 我们的情绪不是用来害怕的，而是用来体验的。

当我们学会不害怕情绪、不回避情绪，而是允许它、体验它，我们就臻于成熟了。

南樵：成熟的重要标志是：知道如何看待情绪，知道如何对待情绪。

看清人间事，
走通直面路。

——王學富

824. 我对一个妈妈说："你儿子有情绪并不是不好，他能够表达出来，那就是好。他能够说出自己为什么情绪不好，这就更好。如果他不表达出来，只是装好，那才是不好。"

南樵：谈到情绪，直面医者说：压抑不好，装好更不好。表达为好，适当表达则更好。

825. 智者知道自己是有限的；

愚者把自己当成真理。

南樵：由此而观，智者少矣，愚者多矣。

826. 我们决定去爬山，他们开始抱怨。

我们开始爬山，他们还在那里徘徊。

我们爬到半山，他们已经看不见我们。

他们本不打算爬山，我们有什么可说呢？

我们还是不去理会他们吧，继续爬山。

我们终于爬到了山顶，看到了他们看不到的无限风光。

我们回到山下去，跟他们讲述在巅峰的体验。

他们不肯相信，对我们说，还是在山脚最好，这里安全。

然而在他们中间，有人愿意相信我们的话，并且说要跟我们一起去爬山。

南樵：看生活的一种方式。

827. 你有一万个理由逃避，但别逃避；

你有一个理由直面，且去直面。

南樵：症状是找到任意一个理由逃避下去，成长是寻找任意一个理由坚持直面。

828. 进入不了，就接受自己进入不了，然后才得以进入，这是一种饱含智慧的悖论。它有这样几个层面：

一、不能进入，这是不自由；

二、不接受自己不能进入，这是更大的不自由；

三、能够进入，这是自由；

四、不能进入，但能够接受自己不能进入，这是更大的自由；

五、享受自己能够进入，并且承受进入之后的责任，这是最大的自由。

南樵：人生最高的境界是自由，人生最多的阻碍是对我们进入自由的阻碍。

829. 佩服我的人不会高于所有人，但会高于许多人。

因为他们知道去佩服值得佩服的人，而许多人还不知道呢。

我也是一个会佩服别人的人。

南樵：我们可以接受别人佩服，我们也可以去佩服别人。

830. 选择之难，难在好不是一切都好，坏不是完全的坏，而是好中有坏、坏中有好。

选择之难，难在选择了好，便在其中发现了坏，放弃了坏，又在其中看到了好。

一直不能做出选择的人，往往是完美主义者。

完美主义的背后是极深的不安全感。它的另一个名字叫幼稚。

南樵：大量没有长大的人选择了完美主义，他们幻想一场可以改变一切的革命，但这是逃避选择，是完美主义者的幼稚病。

831. 当我说“直面”，它至少包含三种特质：

一、勇气；

二、真实；

三、豪爽精神。

南樵：拥有这三样，即成直面人。

832. 因为不用头脑的人太多，稍用头脑的人就得了先机。

不用头脑的人往往不是因为没有头脑，而是因为胡乱使用自己的头脑。

南樵：不用头脑，哪有机会？

833. 在逃避中，生活离你越来越远，症状正走向前来欢迎你。

南樵：直面者走向生活，逃避者落入症状。

834. 等待很重要，甚至比努力更重要。

有时候的情况是：在等待中事情改变了，在努力中事情变得更糟。

甚至可以这样看：症状本身就是“过度努力，不肯等待”。

南樵：伟大的治疗者会等待疗愈的时机。

835. 你没有办法改变过去，你只能选择活好现在。

南樵：心理咨询中一句最值得反思的话。

836. 别逃了，停下你的脚步，回头看一看，是不是真的有世界末日在后面追赶你。

南樵：直面医者说：有一种能力叫停顿。

837. 症状有时候等于：盯着一点，不及其余。

南樵：症状里有从做小孩子起便滞留下来的痕迹，直面医者称之为“没有长大的部分”。比如，看到一点，就只是一点，就以为它是全部，而且常常是，一点不好，全部都完了。

838. 用多样化的经验去突破生命的单一。
在遇到困难时，心灵就不会执于一端，反而足智多谋。
南樵：足智多谋是从多样化的经验里长出来的。

839. 你现在做得好一点，将来的阻碍就会小一点；
你现在凡事只去应付，将来就会有许多应付不过来的事情。
南樵：症状就是一个人陷入了“应付不过来”的状况。

840. 曾经，生命等于学习功课，它导致了症状；
现在，生命大于学习功课，它带来了成长。
南樵：学校教育说“等于”，心理咨询说“大于”。症状是中了“等于”的毒——把整个生命“等于”某个目标。

841. 有一位来访者这样描述她与妈妈的关系：
“不跟我妈联系，我就缺个妈，跟我妈联系，我就没有自己。”
这话她妈一直听不懂。
也因为听不懂，她妈就把她送进了精神病院。
南樵：直面医者看到的一个可悲的现象：有许多听不懂孩子话的父母给孩子造成了问题，又把有了问题的孩子送进了精神病院。

842. 我对王建说：
“年少时做一头狼；
年壮时做一头狮子；
年老时做一只绵羊。”
王建无语。

我继而解释：

“年少时听从本能，去探索，去冒险，去追求，去争斗，为自己累积足够的资源；

年壮时听从意志，去有所创建，并有实力守其所成；

年老时听从爱，柔和而谦恭，把自己的所有交托出去，让生命变成种子，在泥土里腐烂而化育。”

王建若有所悟。

我进而阐发：

“有人在年少时成了绵羊，那是受压抑的结果。因为受限于羊栏和草场，就不能长成狮子，不能拥有群山。到了老年，却成了一头很凶的老狼，受长期压抑的本能所驱动而损人害物，被人视为祸害，欲除之而后快。

也有人做成了狼和狮子，却不能在年老时自然成为绵羊——虽然强大，却不能达到爱与智慧。绵羊不是虚弱而无奈，而是整合了爱与智慧的成熟与整全的象征。当人走进了这个境界，他就获得了自由，几近于道！”

南樵：直面医者的境界之说。

843. 我们花了钱，为自己赢得了自由，这自由是吝啬者体会不到的。

南樵：把钱花在值得的地方，钱才被定义为值得的。因此，重要的不只在有钱，更在花钱。

844. 我们暗自携带两样东西：一个叫模式，一个叫角色。

它们深切地影响着我们，我们常常对它们一无所知。

南樵：这是直面医者工作的层面：他走到深处，在人们通常不知道的地方发现了这两样东西：模式与角色。

845. 我不会因为一个人从不犯错误而相信他，我相信一个人是因为他坚决做出选择，而不回避犯错误。

南樵：直面医者提醒：不犯错误的人，不值得相信。

846. 当你面前有两条路，你就决定走其中一条路。

即使走错了，你也获得了一种坚决。

事情过去了，人们忘掉了你的错误，记住了你的坚决。

南樵：做一个坚决的选择者，而不是一个犹豫的徘徊者。从成长的意义来看，一个常常做错了选择的人，高于一个一直不做选择的人。

847. 我对你很好，但允许你是你自己。这是有原则的爱。

我对你很好，你就得全部听我的。这是条件化的爱。

南樵：父母用“有原则的爱”去爱孩子，孩子就长成了自己。

848. 相信一点：事情有时候很糟，有时候会好起来。这样相信本身就是好的。

南樵：难道事情会一直糟下去吗？除非你相信它会一直糟，并且让它一直糟。

849. 有一批很有能量的人，在被逼无奈之下，选择以症状为武器，打垮了自己的父母，震慑了周围的人，包括一些在假装做治疗的医生。

直到他们遇到了直面医者，才开始选择以成长为目标，充分使用他们的能量，去成为自己。

南樵：症状是能量用错了地方，成长是能量用对了地方。

850. 有人问：“怎样做才能拥有好的人际关系？”

我的回答里有以下几点：

一、做一个真诚的人；

二、能助人时且助人；
三、对人有体谅的心；
四、倾听的习惯。
南樵：以上几点便够了！

851. 你的恐惧常常是夸大的，它是出自你的臆想，而非现实。
南樵：直面医者永远在提醒这一点。

852. 为什么会夸大恐惧？
因为曾经受伤，害怕再度受伤。症状的反应有一个动机——为了避免受伤。
南樵：伤里有痛，痛里有怕。

853. 预先想到它会来，它真的来了；
预先没想到它会来，它竟然来了。
这二者的区别在哪里？
前者叫意识，后者叫潜意识。
南樵：意识的力量与潜意识的力量。

854. 过去是“唯一”，现在成了“之一”。
症状在“唯一”中凝聚，在“之一”中解散。
南樵：直面的治疗，就是让人从“唯一”走向“之一”。

855. 当你听不见心灵的声音，你就生活在不安全感之中。
南樵：是心灵的声音给我们带来真正的确认。

856. 用心灵去吸收更多的资源，生命才会变得蓬勃。

南樵：头脑里的知识是有限的，甚至是阻碍的。

857. 生活当然有困难，但生活还有一些别的什么也需要被看见。

南樵：如果看不到全面的生活，我们就会选择逃离生活。

858. 透过心理的症状，你会看到许多对自己太狠的人。

因此，对于人类我唯一的提醒是：请对自己好一点！

南樵：请提醒你自己，也提醒你身边的人：对自己好一点！

859. 她不是那种声色俱厉的批评者，她对自己的批评如同一把无形的暗刀，一点点削解自己，直到她的自我体无完肤、形销骨立。

南樵：我们对自己有多狠，自己常常不知道。

860. 有一位来访者这样描述来直面接受心理帮助的经历：

“在一个不确定的世界，直面成了我最确认的地方。

虽然我没有什么成就，但我有直面；

虽然许多人拥有许多，却没有直面。

因为有直面，我就敢去做过去不敢做的事，就会变得优秀，就会感到骄傲，因为我内心有一个隐秘的宝藏，它的名字叫直面。”

南樵：直面医者的欣慰：原来直面对一个人有这样的意味！

861. 在症状里，失掉了一样，就是失掉了一切；

在成长里，一样就是一样，绝不等于一切。

南樵：一样就是一样，一样不是一切。这才是直面心理学的“实事求是”。

862. 许多孩子生活在批评者的暴虐之下：你必须纯粹！

这些心灵太纯净的孩子在无奈中选择了心理症状。

南樵：有的父母很有学问、很有能力，也很有人生经验，却看不懂孩子问题的根源，也听不懂直面医者的话。

863. 症状呈现的一个情形是：因为太纯净，所以要纯粹。

纯净是因为经验太单一，纯粹是因为被过高地期许。

南樵：有时候，完美＝纯粹。在追求纯粹的路上，有许多孩子成了表演者，要讨好所有的人。最终他们累垮了，父母还不明白，说：这孩子好傻！

864. 我们走到深处，把最根本的障碍解散了，自由就从那里走出来了，用它的双手去抚摸生活的每一个地方，让种子发芽，让花儿绽放。

南樵：直面的治疗：走到深处去，从深处走出来。

865. 他们的心灵如此纯净，他们的思虑却无限复杂。因为害怕被污染，他们就在自身寻找各样的错误、过失、不足，试图把它们全部排除掉，以为这样就可以让自己达到纯粹了。结果，他们达到的地方叫症状。

南樵：因此，直面的治疗就是让人接受自身与生活的各种不纯粹，用直面心理学的概念来说就是：在这些过于洁白的孩子身上抹一把泥。

866. 症状找来道德与教育做它的帮手，派它们去绑架孩子，带来做它的祭品。

南樵：症状如同一个魔怪，住在一个山洞里，洞外白骨森森——都是小孩子们可怜的小骨头。

867. 在症状的深处常常有一个批评者在说话，那是一个人因为长期受到批评而在暗中形成的一个自我角色。

南樵：直面心理学探索的四个层面：最表层是情绪，第二层是文化，第三层是模式，最深层是角色。

868. 过去一直做光明天使，把阴影藏在内部，在那里培养了一个魔怪。做天使久了，就累了，就烦了，魔怪就出现了，具有不可抵御的魅惑力与破坏欲。天使成了魔怪是人类文化的原型。

南樵：呈现光明，但不掩藏阴影，就成了一个健康而整全的人。

869. 让我失衡的时刻，是让我痛苦的时刻，也是让我成长的时刻。

南樵：失衡是一场危机：有危险，也有机遇。

870. 兄弟，我终于明白，我与你的区别只在这里：一、我有专注力，你却散落；二、我关顾根本，你因小失大。

南樵：一母生九子，九子各不同。

871. 我在面谈室里与“病人”谈话，自由自在；

我到生活场中与“正常人”交谈，如坐针毡。

南樵：“病人”别出心裁，“正常人”平淡无奇。“病人”有希望走一条创造的路，而“正常人”已经从这条可能性的路上走开了。

872. 你装成怪物，为了吸引人。

别人看不懂，以为你真的是怪物。

你哭喊说：“我不是。”

别人说：“你就是。”

或者别人不理你，但暗中说“他就是”。

从此，有人听见你时而自言自语：“我是一个怪物。”

……

后来，你遇到了不相信怪物的直面医者。

你对他说："我是怪物。"

他看着你，说："你不是！"

南樵：惯于诊断的所谓心理医生也仿佛在对人说：你是怪物。但直面医者永远对来访者说：你不是！

873. 我不知道该怎样感谢您，我想上帝定为您在天上预备了应得的冠冕。

对您的工作我脑海中有个画面：

在刚刚结束的战场上（硝烟仍在弥漫），

遍地伤者或已死去或气息奄奄，

你边走边翻拨那些躯体，探探是否还有呼吸，边呼喊："还有活的吗？"发现一个医一个。

原来那些被医的，成了你的战友。

南樵：一个来访者眼中的直面医者。

874. 生命的意态是绽放，症状的本质是封闭。

南樵：直面的治疗就是让人走出封闭，走向绽放。

875. 请享受你现有的条件，为自己争取一个成长的空间。

没有任何人能真正控制你，如果你决意要成为自己。

南樵：成熟的意思是：在现有的条件下尽力而为。

876. 症状：在头脑中活。

成长：在现实中活。

治疗：从头脑走向现实。

南樵：真正的生活是：在头脑与现实中架一座桥，自由往来。

877. 他本来不是天才，你非要他是，这是强求他；

他本来是天才，你非要他不是，这也是强求他。

前者出于虚荣，后者陷入俗套，孩子备受压抑。

南樵：父母常常这样对待孩子，却不知道是在强求。

878. 我是天上飞龙，以腾云驾雾为乐；

他是圈中之猪，以泥中打滚为乐。

我们各是所是，各得其乐，互不打扰。

南樵：听听孩子怎样对父母说：龙是龙，猪是猪。我如是龙，就不要把我跟猪比；我如是猪，也不要把我跟龙比。除了龙与猪，还有各种动物，各是各是，各做各事。

879. 人生有两种幸运：一种是与生俱来的幸运，一种是后天争取的幸运。

前者可遇而不可求，后者可争而不可失。

没有前者不算不幸，没有后者才是不幸，二者皆无乃大不幸。

南樵：没有与生俱来的幸运不足惜，因着后天努力争取到的幸运才可靠。

880. 一个人有许多缺点，但有一个核心的优点，他意识到了，就会突破局限，脱颖而出；

一个人有许多优点，但有一个根本的缺点，他意识不到，就会困于阻碍，无能为力。

南樵：因此，直面医者问来访者：你最大的优点是什么？你最深的阻碍是什么？目的是让对方觉察。

881. 当你在某个方面一直过度敏感，你在其他方面就可能会过度迟钝，甚至那个最敏感的方面也会迟钝下来。因为太害怕，所以太防御；因为太防御，所以就“卡”在那里了。

南樵：在我们过于敏感的地方需要停下来看看，那背后往往有伤，那伤会对我们说话，那话让我们多多防御——防御多了，我们就麻烦了。

882. 一个女子说找不到自己了，我给她指了一条找回自己的路：

“我手做我事，我口说我言，我心寄我意。

既然有自己的手、自己的口、自己的心，

为什么要做别人的事、说别人的话、猜别人的心？”

南樵：每个人都可以沿着这条路找回自己。

883. 在你背后，在你深处，有一个东西一直在暗中帮助你，你却不知道它。

它不是头脑，不是知识，我姑且称它为本能。

南樵：尼采曾说：在本能里有高于聪明与智慧的理智。

884. 在“胡闹”的行为背后，我看到一个“好孩子”，他受了太多的委屈。

南樵：看到一个孩子的胡闹，人们就看不到他的委屈——那诸般委屈恰恰隐藏在一个“好”字后面。

885. 因为一直受道德的评价，就不觉长成了一个道德主义者——以道德为武器，攻击别人。

南樵：在我们的文化里，道德是最顺手的武器——我们深受其害，又用它伤害他人。

886. 被宠坏的孩子用自己的行为把亲人吓坏了。

为了他的安全，亲人们把他送进了精神病院：药物侍候。

我不禁要问："谁之罪？"

南樵：这种现象见了太多，直面医者想写一本书，名曰：《谁之罪？》。

887. 因为从小一直得不到表扬，长大了就总看不惯别人的好。

南樵：过去播下的种子，长成了现在的样子。

888. 一个人想什么都好，就看不到自己有什么好；

一个人想一下子就好，就看不到自己在一点点变好。

南樵：不成熟有两个表现：想什么都好，想一下子就好。受苦有两个性质：为了成长而受苦，因为不成熟而受苦。

889. 有一种悲惜是这样的：

我看到命运的凶险临到一个美善而聪颖的人，而她并不知道，还欢喜应承。

而我刚要发声，却被现实扼住喉咙。

看到她被命运掳掠而去，我的眼泪溅落，只能内心默祷：但愿她某一天能够明白，而那时还来得及。

南樵：一个直面医者，带着悲惜工作。

890. 症状是一个人一路追求完美而付出的代价，是不断强求自己而欠下的债务。

南樵：一个简单的事实是：欠的债总是要还的。

891. 症状如妖怪，在大地上走来走去，它在寻找乖孩子、讨人喜欢的孩子、一直学习而不玩耍的孩子、固自己的聪明而被所有人赞扬的孩子、优秀漂亮且满身都是光环的孩子……我们的家庭养育和学校教育不断为症状提供这样的祭品。

南樵：太好的孩子符合症状的胃口，是症状要寻找的对象。

892. 你在以怎样的态度看待人——是尊重人，还是视人为工具？

你在以怎样的情感接待人——是冷漠的，还是体谅的？

你在以怎样的行为对待人——是一味索取，还是愿意付出？

这一切随时随地都在塑造你的性格，也在一点一滴形成你的命运。

南樵：性格是随时随地塑造的，命运是一点一滴形成的。

893. 家庭代际传承的奥秘就在于，下一代人从上一代人身上继承自己最熟悉的——如果好的是最熟悉的，就继承好的；如果坏的是最熟悉的，就继承坏的。

南樵：父母身上自然有很好的东西，但如果父母希望孩子传承这些好的东西，就得把它们变成孩子熟悉的东西。

894. 不是道理，而是练习。

南樵：道理让人逆反，练习使人得益。

895. 有心的人在世界上走过，丰富而活泼，因为他不仅发现，还会联络；

无心的人像影子飘过，却是空空荡荡，因为他不仅单一，而且僵硬。

南樵：做有心的人。

896. 老师说："快点写作业。"

妈妈说："快点写作业。"

奶奶说："快点写作业。"

为什么你们都说快快快，我就不可以慢点吗？

南樵：面谈中，一个小朋友如是说。

897. 因为道理听多了，就对道理很反感，不管别人说什么，都回答："道理我都懂。"其实是"道理我都烦"。

南樵：道理会伤人，受伤不觉得。

898. 为什么每个人都觉得好的，大家都不去做？

为什么每个人都觉得不好的，大家都在努力把它变得更不好？

南樵：这样的例子，举不胜举。

899. 陈旧的语言失掉了生机，语言在更新之后才有力量。

咨询师每天都在更新语言，用来应对来访者从生活中带来的陈词滥调，为了让他们重获新生。

南樵：维特根斯坦曾说：每天早晨起来，搬开每一块石头，都在下面发现了语言的新芽。

900. 我在一位来访者身上看到三样东西长了出来：

一、对关系的敏察；

二、战斗的勇气；

三、变通的能力。

我对她说："你正在成为自己。"

南樵：一个人走在直面的路上，这是成为自己的路。

901. 你待在一个模糊地带，以为在这里人人都会喜欢你，其实人们根本都看不到你。

南樵：最起码的是：让人看到你。

902. 我们最害怕不确定性，也正是不确定性给人生带来无穷的魅力。

南樵：在我们害怕的东西里常常隐藏着某种魅力，我们必须弄明白一点：这魅力是在邀约我们去直面，还是在诱惑我们去逃避？

903. 成长是关顾全面，症状是盯着一点；觉察是看到本质，盲目是活得琐碎。

南樵：人生是针对这几个方面做出选择的综合。

904. 我扛着一个敏感的自尊，

天天关心别人怎么看我。

自己还没有牛起来，

却在那里一直想别人认为我牛不牛。

南樵：敏感的自尊，人生的局限。

905. 我有一片自己的土地，我什么都想种，但一直决定不了种什么。

我羡慕别人的土地有了收获，我还没有时间去耕种自己的土地。

我开始厌弃我的土地，因为它荒废了。

南樵：症状是一面镜子，反射一片荒废的人生。

906. 不是用威胁去强求孩子听话，

而是用爱去开启孩子天性中合作的意愿。

南樵：养育不是强求，而是开启；不是要孩子听话，而是跟孩子合作。

907. 确认就是你心里知道这是对的；

宣称就是你对别人说这是对的。

但不管是内心确认还是外部宣称，都不表明你是绝对对的。

南樵：你坚决，你也谦逊。

908. 允许头脑里有任何想法出现，
又让自己向生活的所有经验开放。
这，就是生命的蓬勃，相反则是症状。
南樵：自由与开放，是生命蓬勃的条件。

909. 来访者哭："我要回去找我丢失的东西。"
我对她说："不是找回来，而是活出来。"
南樵：症状显示：许多人要回去找丢失的东西，因而误掉了现在的成长，导致不能活出自己。

910. 心理咨询常常面对的是一个悖论：
看上去不是个大问题，却成了大问题，因为不了解本质；
看上去是个大问题，却不成为大问题，因为了解了本质。
南樵：问题大小，是由当事人的意愿及其与咨询师的机缘决定的。

911. "伴行"的意思是：你跟他一起走，让他发现他可以自己走。
南樵：咨询师是当事人某一段人生旅途的伴行者。

912. 有一个女子太优秀了，因为她妈妈不允许她不优秀。
她悄悄来找我咨询，说："我只有死了，我妈妈看着我的尸体，才会有所触动：原来女儿也可以不优秀。"
南樵：优秀是自然长出来的，强求的优秀是危险的。

913. 我在一位来访者身上发现了电影中的那个秋菊——她有坚韧的生命，又有朴素的美丽，坚持、有原则、有价值观。

南樵：品质里有真正的力量。

914. 当“不放松”是可以的，“放松”才是可能的。

南樵：可笑的是，人们追求放松，却不允许不放松。

915. 活好现在，就是补偿过去。

南樵：症状的情况正好相反：为了补偿过去，未能活好现在。

916. 我看到一个二十五岁的女子，她把自己哭成五岁的样子。

我便朝她的五岁张望，却看到她有一张哲学家的面孔。

南樵：不适当的幼稚与不适当的严肃，构成了不适当的症状或者症状的不适当。

917. 一个青年用下面这段比喻来描述他与妈妈的关系：

“我刚开口想对她说一句话，她就朝我嘴里塞了一个馒头。她实现了一个妈妈对儿子的爱，我咽下去一个儿子想对妈妈说的话。”

南樵：在儿子饿的时候，妈妈给他一个白白的大馒头；在儿子想说话的时候，妈妈给他一双倾听的耳朵。

918. 低落了，就允许自己低落，然后就会上升。

不被允许的低落会变成一种诱惑，反而让人迷恋低落。

南樵：自然的东西被压抑了，就会产生非同一般的诱惑。如，父母给孩子过多的正能量，孩子反而会迷恋阴影，因为合理的阴影都被压抑了。

919. 有人生活在关联否认的防御里；

有人生活在关联臆想的焦虑里。

前者说：“这一切都与我无关。”

后者说：“会不会所有这些都与我有关呢？”

南樵：分清什么与我有关、什么与我无关，是人生很实际的智慧。

920. 来访者说：“如果……”

直面医者说：“哪里有如果？君不见，四面望去，满眼皆现实。”

南樵：满眼皆现实，哪里有如果？

921. 过去你有多牛，不能证明什么；

过去你有多惨，也不能证明什么。

能证明的只有现在你在做什么，它决定着将来你会成为什么。

南樵：很简单：你只能用“你现在在做什么”来证明你自己。

922. 当孩子在学校出了问题，老师就让孩子回家，这时父母有两种选择：一、带孩子去医院吃药；二、对孩子说“想开点就好了”。

前一种选择常常把问题固定下来，后一种选择常常把问题延误下去。

南樵：孩子的命运，由孩子不知道的因素所决定。如果父母知道，会为孩子带来一种新的命运。

923. 你没有钱，但可以有穷朋友；

你没有价值观，就肯定没有真朋友。

南樵：可以有穷朋友，不可以没有真朋友。

924. 咨询如同培育花圃，满园花儿开放了，这园丁就得了真的满足。

我常常听到来访者说出美丽的话语，就如同园丁闻到花的芳香。

南樵：咨询不只是付出，也因付出得了回报。

925. 商业的核心是把隐性的东西转化为显性的东西；

生命的核心是把显性的东西转化为隐性的东西。

南樵：直面医者与来访者之间的感通。

926. 有一种能力叫通用的能力，反映在我们每天要做、要用的事情上。

它追求舒适、便捷、好看。

它是人生的基本功。

南樵：神经症者缺乏的就是这种通用的能力。

927. 没有什么是你的唯一，总有一些重要的东西；

也没有绝对完美的时刻，总有一些欠缺的地方；

你永远不会完全准备好，总有准备不足的方面。

因此，不要再等了，不要再忍了。

南樵：行医二十年，只有一句话：不要为唯一、完美、完全而耽误了人生的行程。

928. 心理咨询师是触及人生真相的人，因为他们常常在一种对照里：一是世人看到的部分，一是世人看不到的部分。

世人看到的部分有许多假象，世人看不到的部分大多是真相。

南樵：直面的疗愈：直面现实，发现真相。

929. 当一个人没有办法了，症状就会向他招手，充满了诱惑力。这时他有三样选择：

一、把自己变成小孩子，永远不要长大；

二、睡觉，不要醒来，任凭时光流逝；

三、拼命追逐一个目标，忽略一切，把那个目标当成一切。

南樵：以上三点，便是症状的诱惑。

930. 人生有一个真相叫可怜：

在丰富的物质条件和优越的个人条件之下，掩藏着一颗那么可怜的心灵。

别人羡慕他的条件，却不知道他的可怜——他自己也不知道。

他去追逐神一般的条件，是因为他的心灵太可怜了。

南樵：人世间有多少人能够看到这种可怜？

931. 二人能力超强，却不成熟，就养成了骄傲，损害了关系——他们的婚姻与养育都有麻烦。

当他们的孩子“病”了，我期待这样一个场景：父母在面谈室里痛哭。这，却没有发生。

因为父母执迷不悟，孩子依然在病中。

南樵：孩子生病了，与父母有关；孩子得疗愈，也与父母有关。

932. 你收集了许多零件，但没有制作工具；

你收集了许多语言，但没有产生思想。

南樵：生命不只是条件的构成，生命的核心是灵魂，灵魂才是创造之源。

933. 你可以向别人提要求，但允许别人拒绝你的要求。

别人答应你的要求，并不意味着你不可以拒绝别人的要求。

南樵：关系中的要点：向别人提要求，回应别人的要求。

934. 基于自然反应，而不是依靠条件反应。

南樵：直面医者对这个时代的提醒。

935. 没有自我的人会被某种单一的欲求所控制，因此异常固执。

南樵：没有自我的人，也是不自由的人。

936. 人是有限的，这是造物最好的安排。

我们接受自己的有限，坦然走到我们最终可以停歇的地方。

只是想到有一些“病人”，心里便生悲惜：既然知道自己会死，又何必如此折腾！

南樵：直面医者最深的情感是悲惜。

937. 一直在场外徘徊的人，觉得场内十分可怕。

他需要做的一件事，就是让自己尽快入场。

南樵：我们是已经入场的人，经历着人生无法回避的害怕。

938. 当你不够确认自己的时候，你学习拒绝，不轻易妥协；

当你自我能够确认的时候，你学习变通，变得更自由。

南樵：拒绝与变通，人生两门课。

939. 因为小时候受的伤印痕太深，大脑就自动对之屏蔽。

久而久之，便无法与世界接通了，语言变得生涩，表情与动作变得僵硬，整个人都像变傻了一样……

这是她最初来找我时我的印象。

现在看她：自由如风，美丽如花。

南樵：直面医者的信念：生命会改变！

940. 你不喜欢一个男生，他身上也一定有优点；

你喜欢上一个男生，他身上也一定有缺点。

弄明白这个，便可以做出选择了。

南樵：迟迟没有恋爱，是因为不明白这个。

941. 有一种不舒服，来自于不满意——它成了生命中的背景音乐。

时而高亢，时而隐微——但永不消逝。

南樵：一直生活在不舒服中的人，是因为在生活中没有获得真正的满足。

942. 打破关系的单一，让百花在其中开放。

南樵：生命之蓬勃，来自关系中有百花开放。

943. 为了消除小时候的“脏”（某个事件引发的脏的感觉），几十年来不断做一件事情——清扫大脑。为了保持头脑中的“干净”，付出的代价是强迫症。

南樵：强迫症——以及相关类型的神经症——是一种精神洁癖，也是一种象征行为。

944. 当今，我们的文化与教育让人追求单一的目标，

实现目标者即成功者，

但成功者不一定是成熟者。

因此，在我们社会里，成功者多，成熟者却少。

南樵：直面医者有一个特别的经验：有许多社会上的成功者，在养育孩子上尽显其幼稚。

945. 当你能够聊天，你就可以恋爱了，因为恋爱的基础是聊天。

南樵：直面医者讲到一个简单而普遍的情况：不能恋爱，是因为不会聊天。

946. 当你在生活中学习这三样东西，你就在成长；

当你从生活中学到这三样东西，你就长大了。

这三样东西是：

一、人生总有美好的时光，但它们不会永驻；

二、人生总有这样那样的困难，无法绕开，无法飞越，只能从中穿越；

三、改变永远都是可能的，但常常是缓慢的。

南樵：直面取向的治疗，就是让当事人学习这三样东西。人长大了，就自然疗愈了。

947. 没主见的人，往往固执一己之见；

有主见的人，常常听取他人之见。

南樵：固执己见并非有主见，没有主见才固执己见。

948. 成功的人很多——是逼出来的，但不能逼得太狠；

成熟的人很少——是长出来的，还需要有所培育；

既成熟又成功的人少之又少——要自然长，又要适当逼，才出来。

南樵：凡事大体而言，不能绝对论之。

949. 一个活出自己的人，靠的不是强求自己有多好，而是靠能够接受自己的不好。

只有接受自己的不好，才能腾出空间让自己的好自然长出来。

南樵：活出自己的人，靠的是自然，而不是靠强求。

950. 来访者："我太难受了，这难受就像每时每刻都闻到臭味，快告诉我该怎么办。"

咨询师："我知道你很难受，那味道很臭，但你有没有看到旁边的那个垃圾堆？"

南樵：你跟直面医者谈情绪，直面医者跟你谈生活。

951. 方法是短效的，一方对一事；

态度是根本的，一月映万川。

南樵：直面的治疗，是态度的治疗。

952. 有一位来访者对我说："直面是掩藏的宝贝，来直面的人暗中得益，却不肯轻易告诉别人，只为自己保留这个好的地方，悄悄地来，悄悄地去。"

我对这位来访者说："那我就把你说的这话告诉别人啦！"

南樵：悄悄地来，悄悄地去。来时有需求，去时得益处。

953. 心理咨询常常包括这样的情形：

来访者在情绪不好的情况下"被迫去配合"治疗师，也因此在暗中吸收了许多有益的东西。但他并不知道发生了什么，也不知道治疗师为他做了什么。他只是暗暗变得好起来了，这相当莫名其妙……因此，治疗师所修炼的一门功夫就是：永远不期待感谢！

南樵：做好事不显露痕迹，是一种境界；做好事不期待感谢，是一种成熟。

954. 最好的教育有时是这样的：让孩子的童年有许多无所事事的时光。因为那时光里会产生各样的想象与游戏，那想象与游戏里会产生自然的乐趣与创造力。

与此相反，教育的恶弊就是：把孩子的头脑填满知识。

南樵：日久见分晓。

955. 因为一直被动，

所以不再想动，

只想呆在一个地方一动不动，

但同时又害怕别人说他不动，

于是，不管动与不动，他都感到好累。

于是，他对人生的体验就集中在一点：累。

南樵：因为被动，所以很累。

956. 在经验多的地方，想当然就会变少；

在经验少的地方，想当然就会增多。

症状来自哪里？

来自经验少、想当然多的地方。

南樵：神经症的根源与本质：经验太少，想当然太多。想当然变少了，症状就会变少。

957. 所有的困难都集中在一点：我们得独自走过这一生。

南樵：在这一点上预备好的人，成了个体；在这一点上没有预备好的人，成了病人。

958. 那些自幼在行为上过于依从他人的人，在内心暗暗培养了一种倔根。

症状是从这倔根上长出来的，是他们为过度依从他人而付出的代价。

南樵：过度依从者，长出了倔根。

959. 因为自我受压抑了，所以内心里长出倔根来；

因为没有发展出自我，所以倔根假扮成自我。

南樵：倔根呈现的是一个假的自我：因为无所持守，所以十分固执。

960. 有许多头脑里装满知识与想当然的人走过来了，他们声称自己是病人。

我请他们到经验很多的地方去，因为那里想当然少，我称这个为疗愈。

南樵：病是想当然，疗愈在经验。

961. 当生活成了一堆琐碎，人就生活在琐碎里。

他一会儿抓起一把琐碎，以为最重要；

一会儿又抓起一把琐碎，以为最重要。

其实它们都是琐碎。

南樵：走到根本处，就在那里活。

962. 有一个来访者给我讲述她的生活。

讲了许多遍之后，我听懂了，便给她的生活起了一个名字，叫：鸡毛与蒜皮。

南樵：活在鸡毛与蒜皮里，怎么活出自己?

963. 人是能改变的。

但在琐碎中扑腾的人，改变很难。

只有走到了深处，触到了根本处，改变才会发生。

南樵：改变是可能的，改变也是有条件的。

964. 如果不能成为亮点让所有人赞赏，便以为去做黑点会让所有人悲惜。

二者的目的是一样的：为了引人注目。

南樵：只是为了活出自己，不是为了引人注目。

965. 有两个妖怪在一起，他们互相能看出对方是妖怪，但各自都以为自己是人。

南樵：妖怪是敏锐的，妖怪也是盲目的——敏锐在于看别人，盲目在于看自己。

966. 从别人对我的反应里，我知道自己有多强大。

当别人说我弱小时，我知道那是从我自己传出去的信息。

南樵：别人对我的看法，是从我的行为里反射出去的。因此，关键不是别人怎样看我，而是我在向别人反射什么信息。

967. 有一天，我听到珂当面指出玲的一个缺点，我便赞赏珂的三个优点：

第一：珂有勇气说出来；

第二：珂说得得当；

第三：珂是出于善意而说。

南樵：直面医者对珂说：你长大了。

968. 有一个人这样看我：

王学富有三个层面。第一个层面：很凶；第二个层面：很关怀；第三个层面：很幽默。

而他跟我的关系，也有三个阶段：

在他不成熟时，他看到我的第一个层面：很凶。因为害怕，他就跑开了。

后来他长大一些了，又回来了，看到我的第二个层面：很关怀。

最后他成熟了，在另一个地方跟我相遇，看到了我的第三个层面：很幽默。

南樵：当来访者透过直面医者的“凶”看到背后更多的内容时，他便长大了。

969. 求知是人的一种动机，当求知的动机成为压倒一切的动机，求知就成了一种自毁的行为。

而且，在这条自毁的路上充满鲜花与喝彩。

南樵：有许多孩子走在这条路上，在鲜花与喝彩中自毁，却不自觉。

970. 当父母把孩子养成了依赖者，孩子通常对父母有这两种反应：

一、太害怕失掉依赖而选择依从父母，不断压抑自己；

二、因为压抑太多，就以症状的方式爆发出来——反抗父母。

症状的好处是，不管你做什么，都可以不受指责，也可以免于自责。

南樵：直面医生讲说一个实情：父母压抑了孩子，症状诱惑了孩子。

971. 对孩子有真爱的父母这样养育孩子：

一、我要让他长大；

二、我要让他独立。

在心理上长大，在人格上独立。

南樵：直面医者对父母说：让孩子依赖你，显示你多么爱孩子，这不是真爱。

972. 别人问我："你怎么有这么多朋友啊？"

我笑言："因为我喜欢请别人吃饭啊。"

南樵：哈哈，听懂的人也去请人吃饭了。

973. 有三条死路，反过来走就成了活路；

有三个遮蔽，看到了就成了觉察。

它们是：

一、不肯付出；

二、不忠诚；

三、不适当的欲望。

南樵：人生的契机就在于：把死路走成活路，把遮蔽变成觉察。

974. 熟悉的，哪怕是不好的，也让人依恋，在依恋中只能做小孩子，因而受伤；

陌生的，总让人害怕，因为它让人不能确定到底是好还是不好，无法选择。

成长的人敢于走向陌生，在内心对自己说："或许是好的呢！"也接受不好。

南樵：直面就是：面对熟悉的，不因依恋而幼稚；面对陌生的，不因害怕而逃避。

975. 第一是我想做什么；第二是我能做好它；第三是我会坚持做。

确认这三样，你会看到全世界都在为你铺路；

没有这三样，你会觉得所有人都在给你挖坑。

南樵：一切都是从自身出发，世界随你峰回而路转。

976. 在面谈室里，一个青年带来他的书稿，用期待的眼睛热切地望着正在阅读书稿的我，问："这本书出版了，我会得诺贝尔奖吗？"

我说："以你的天分，再写三十年，就可以得诺贝尔奖了。三十年后，不是你写得更好了，而是你人变得成熟了，那时你就会得奖了。"

他又问："你会得诺贝尔奖吗？"

我说："我也会。我有天分，我也成熟，但我的那部作品还没写出来呢。"

来访者的母亲一会儿看看她儿子，一会儿看看我，忍不住笑了，心里可能在想："到底谁是病人呢？"

在这个小小面谈室里，一时坐着两个诺贝尔奖得主，以及一位看不懂这道风景的母亲。

南樵：心理咨询室，人生小江湖。

977. 因为没有长大，你想要的东西纷纷从你身边跑开了，它们彼此悄语："他没长大呢，我们赶快跑吧。"

因为长大了，所到之处，那些曾经逃离的东西又回来了，它们互相耳语："他长大了，我们去找他。"

南樵：这便是人生随处可见的一道风景，咨询室里有它的缩影。

978. 一个小孩子因为喜欢好看的花纹，就选择了一条蛇。又因为被咬伤了而哭泣，却不知所以。

在症状旁边，我看到许多哭泣的小孩子——他们不知道，神经症美丽如蛇。

南樵：有许多人追逐神经症，并为之所伤。

979. 冲过语言的枪林弹雨，受伤了，然后，也改变了。

从此之后，你因为觉察而明晰，因为确认而坚决。

南樵：因为受伤，发现意义。

980. 我对来访者有一个反思和一个提醒：

反思是："我大概对你期待太高，才让你紧张。"

提醒是："你大概对自己期待太高，才让你自己紧张。"

南樵：看自己合乎中道，不会紧张，反而有力。

981. 天才是从各种非同寻常的因素的积成中产生出来的——天才是幸运与不幸的混合。

这些因素聚在一起，可能在成就你的时候毁掉你，又可能在毁掉你的同时成就你。

天才不是一种意愿，而是一种命定。

意愿太强，就成了病人。

南樵：这命定是由各种因素在一起投骰子而达成的结果。

982. 补偿行为本身是一种力量，合度使用会带来成长，过度使用会导致症状。

是什么在决定合理与不合理呢？是觉察。

是什么在决定事情有损或有益？是觉察。

南樵：觉察者得益，不觉察者受损。

983. 我在某个方面“天生”不行，我在某个方面“天生”很行。

不行到什么程度我差不多知道，会行到什么程度我却不大知道。

也幸亏这“不大知道”，我一路走到这里，还会继续走下去：看看自己到底有多行。

南樵：因为不知道，所以有动力。

984. 小时候生病，是因为营养不良，喝碗鸡蛋汤就好了；

年轻时生病，是因为神经过敏，多受些苦就好了；

年长了生病，是因为工作太累了，多睡觉就好了。

南樵：最后呢，吃喝吃够了，受苦受够了，睡觉睡够了，死了就好了。

985. 成为好父母，只要对孩子做到这一点：听一大堆，说一点点。

反过来，则麻烦——说一大堆，听一点点，就做不成好父母。

南樵：心理咨询的奥秘，传授给为人父母者。

986. 当你找到好的方式工作，你的内心会涌出一股暖流，它会把病的因素消解了，然后你便恢复了，你对自身与世界的体验会不一样了，你心里会有一个声音说：“谢谢！好的事情会继续发生。”

南樵：病愈有感。

987. 追求完美者找来了两根一样粗的绳索拴住自己：一根是未来的某一个目标，一根是过去的某一种遗憾。

前一根绳索使劲往前拉，后一根绳索使劲往后拽：完美追求者每时每刻都感受到一种将被撕裂的痛苦。

南樵：或问：你的意思是说，追求完美是自讨苦吃吗？直面医者回答：是的。因为感到不安全，宁愿让自己受苦。

988. 用“本该如此”驱动自己的人，终于把自己累垮了。

不管做得多好，也无法满足“本该如此”的要求，

也无法培育出主动精神，因为主动精神是从自然的动机里长出来的。

南樵：“本该如此”是强求，给人带来人为的压力，不会产生自然的动力。

989. 症状是理性与天性之间发起的一场战争。

结果是，理性大获全胜，天性落荒而逃。

南樵：直面医者大声呼唤理性，更加大声呼唤天性。

990. 父母在孩子头脑里堆放许多“律令”，

孩子就把自己的生活变成了“禁区”。

南樵：鲁迅呼吁：放孩子们到宽阔光明的地方去，从此自由自在地生活！

991. 如果你恨一个人，就把“你必须完美”植入他的头脑里。

从此之后你就可以观赏他如何折磨自己，最终打垮自己。

有趣的是，父母爱自己的孩子，却对孩子做了这样的事。

南樵：父母本不完美，却要孩子完美，真是岂有此理！

992. 竞争心太强的人，最容易被潜意识捕获。

潜意识用欲望来诱捕你、控制你、消耗你——这个陷阱叫症状。

越是逞强的人就越难摆脱它。

南樵：竞争心的功用是“成也萧何，败也萧何”——成在适当，败在不当。

993. 我在苛求完美的人身上看到这样的情形：

他们身上有许多的好，他们对之视而不见，别人把它们说出来，他们还以为这些都是理所当然；

他们身上有什么不好，他们简直明察秋毫，别人看来本是自然，他们却一定要把它们赶尽杀绝。

南樵：直面医者叹道：何必！

994. 因为与世界接触太少，就变得太纯粹。

因为太纯粹，就不知如何与世界接触。

南樵：心灵过于纯粹，难以应对生活。

995. 有三件事是不可能做到的，我们却对之孜孜以求，为之殉身不恤：

一、让每个人都喜欢我们，才觉得自己是可爱的；

二、让每个人都同意，我们才做出一个决定；

三、让每个人都欣赏我们，才觉得自己是有价值的。

南樵：这就叫：白白受苦，白白牺牲。

996. 一天，有一人来访，对我说了下面的话：

“我不敢出门已经很久了，因为世界变得越来越可怕，在人群中混杂着各类妖魔鬼怪，他们打扮得比人更好看，还有更好看的身份或头衔——专家、教授之类，这些都是他们在自己的作坊里制造出来的东西，他们一边彼此恭维奉承，一边互相披授加身。呵呵。还有大魔怪隐藏颇深，他们的喽啰被安置在各个要道，把关收钱，天经地义。也有零散小鬼，如传销之徒，啸聚成伙，对人威逼利诱，声势渐壮，令人惊惧。不管走到哪里，都有鬼眼在暗中瞄你，伺机下手，防不胜防……做人太难，我亦将做鬼去也。”

听此人言，我亦惊惧，疑其为精神妄想，遂建议他去医院吃药。

他闻之更加惶恐，说那里（医院）鬼怪更多，遂夺门而去，不知所终。

南樵：鬼怪当道，做人难矣。

997. 有一个人在家待了六年，一直靠父母养着，不肯到外面找个工作。

她对我说：“父母不理解我，我的梦想是学道，学心理学，成为对人类有最大贡献的人。”

我对她说：“庄子编草鞋，在其中悟出了道。庄子看庖丁解牛，也从中看到了道。王学富每天跟人谈话，如庄子之编草鞋，如庖丁之解牛，心理学自在其中矣。”

她听不懂。

我又说：“在庄子那里，道就是道。在王学富那里，心理学就是心理学。在你那里，道与心理学都是虚妄。”

她还是听不懂。

我又说："你对人类最大的贡献首先是让人类中少一个'病人'。"

她依然听不懂。

我最后说："好吧，告诉我你害怕什么？"

她留下眼泪来："我怕……"

南樵：因为害怕，就想走一条超绝的路，就走到了虚妄。人之病，在虚妄；病之根，在恐惧。

998. 不是为了显得比别人强而说个不休，也不是因为觉得比别人差而一句话不说。

排除这两种情况，你就可以说话了，而且会说得最恰当。

南樵：我说，是因为我有话可说。小鸟为什么要唱歌，是因为它有一首歌。

999. 在那个恋爱工作坊里，我对一个参加者说："回去之后，有一个人会来找你。"

后来，果真有一个人来找她，他们便相爱了。她回想起这事，觉得好神奇。

奥秘其实在这里：当我把自己假设成一个年轻人，心里会爱上她，那个人就会在她的生活中出现，并且爱她。很重要的是，当我对她说了那些话，她就看到那个人的出现，并且会前去迎接他。

那个人是从我的"假设"里走出来的，叫"无中生有"。

我是用"假设"播种的人，叫培育或创造。

当我把话说给她听，她暗自相信，这叫同工或合作。

南樵：直面医者揭秘：有一种方法叫清醒催眠。

1000. 如果你板着面孔对孩子说"不要这样"，孩子内心就长出了逆反："就要这样。"

如果你对孩子说“要这样”，并且用爱浇灌它，你就在孩子内心培育了自觉，他回应说“嗯”，就去做了。

潜意识就是你内部的小孩子，孩子就是你生活中的潜意识。

南樵：直面医者曰：不只了解潜意识，还可创造潜意识。

1001. 妈妈过度保护孩子，等于是把孩子放回到母腹，不允许他出生。

于是我看到，有这样一些“病”了的孩子，他们有一张胎儿的脸。

这脸是他们的“心像”。

南樵：直面医者的惊讶：有一个女大学生躲在家里不出门，她对妈妈提出的要求是：你对我的爱要温暖如同羊水一般。

1002. 别以为我总是那么好——当我面对一大堆事情无从着手的时候，当我的心情变得很低落的时候，我发现自己在那里整理着杂物，对一切不管不顾。

我问自己：“你在干什么？”

我猜想，我大概是想把自己也从杂乱的情绪里整理出来吧。

南樵：直面医者，夫子之道。

1003. 当你到了五十岁以上的年龄，你经历了更多同类的死亡：老师、亲人、朋友，以及其他人的死。

这时，生活向你呈现它如此真实而有些狰狞的一面，特别是人性与关系的云与雾渐渐褪去了，不再是云山雾水，而是显山露水。

你难免悲哀，但你得选择一种态度来面对它。

你说：“本来就是这样的，我见得多了。”这是一种防御性的态度。

你一直为此感到悲哀，甚至沉浸在一种悲凉里。这是一种无奈的态度。

你开始把它当成生活的一部分，知道人是有限的，是可悲悯的。这是一种接受或达观的态度。

但不管怎样，人生的背景音乐是悲惜，它时隐时现，时低弱时高亢。

南樵：直面医者之慨叹。

1004. 关系的原初是与父母接触的经验，我们从这个地方出发。

如果路上发现有什么缺失了，我们也是从这个地方找回。

南樵：最初的记忆，意蕴最丰富。

1005. 把单一的东西强加于人，这不是教育，是毒化。

排毒的方式是，去大量获取多样化的经验。

南樵：直面取向的治疗，有时是帮助人排毒。

1006. 那些自幼被强制的（只要求学习功课），同时又被溺爱（其他什么都不用做）的孩子，成了在世界这个大丛林中迷失的孩子。

南樵：直面医者在寻找他们，带他们回家。

1007. 什么叫洗脑？

一、只给你看一样东西，让你相信它是唯一的；

二、不断向你重复这一样东西，让你相信它是最好的；

三、威胁你，让你不敢去看其他，也不敢相信其他；

四、口头上说这是为了你好，其实是把你当工具，为了他自己好。

当政治成了这样，便是洗脑；

当商业成了这样，便是洗脑；

当教育成了这样，便是洗脑；

当养育成了这样，便是洗脑；

当心理咨询成了这样，便是洗脑。

南樵：洗脑的目的是把对方变成工具，加以利用。

1008. 人生有这样一种悲哀：你不是没有幸福的条件，你是不能安然享受幸福。在幸福的时光到来的时候，暗中会突然窜出一条蛇——它从久远而幽深的创伤里暗游而来，你不经意之间的一句话、一个动作就会把它逗引出来，把你称为幸福的东西吞噬尽净，腆腹而去。

南樵：这条蛇是内心一种极深的罪疚感，它的源头是受苦的文化，那里有一个声音说：你有什么资格……

1009. 孩子，你不是有病，你是有渴望却没有满足，你是有焦虑却没有出口，你是有话想说却没人倾听，你是想去尝试却害怕犯错，你是有父母爱你却爱不到地方甚至他们根本就不爱你……你不是有病。

南樵：直面医者如是说：孩子，你不是有病……

1010. 我对一个来访者说："你要长心。"

她问我："心要长到什么程度呢？"

我说："长到敢爱敢恨，长到真诚对自己、真诚对他人。"

南樵：真诚与勇气。

1011. 请不要盯着他不放，要求他永远对你好——也许他没有这个意识，也许他没有这个能力，也许他自己也不满足因而不能满足你，也许他害怕失掉才不敢付出，也许他被你逼得太甚、心存恼意而对你好不起来，也许你对他有完美要求而他只是做不到那么好，也许你在用他来补偿你过去的缺失而他承担不起……也许你可以选择不去强求，而是培育。

南樵：有时，直面医者不做判断，只说"也许……"。

1012. 自然就不累。

南樵：直面医者说这话，其意有二：一、自然本身是不累的；二、人变得自然了，就不累了。

1013. 因为你有伤，魔怪就会利用你的伤，把你带到他的地方，你就成了他的奴隶。

南樵：有伤的地方，就有危险。

1014. 盯着一个目标，一路都看不见其他，
因此失掉了许多，为此付出了代价，
自己并不知道，还陶醉于往日的荣耀。

南樵：反思一路走来的情况。

1015. 来访者说："我好烦躁。"

我问："你知道烦躁从何而来吗？"

她说："渴望没有得到满足。"

我又问："你知道怎样对待烦躁吗？"

她说："允许自己烦躁。"

我惊讶，问："这话是从你脑子里想出来的，还是从你内心里长出来的？"

她回答："听你说的啊。"

我问："对你有用吗？"

她答："没有多大用。"

我说："请暂停做一个求知者！请开始做一个求助者！"

她问："二者有何区别？"

我说："求知者用脑，求助者用心。"

南樵：从心理咨询得益的一个条件是：成为求助者。

1016. 心理与精神症状常常有两个本质特征：
一、太深的自我迷恋，不能关心他人；
二、过度的大脑活动，不能专心做事。
南樵：背后的根源很深。

1017. 我时而遇到这样的人：
他总是盯着过去的不好，因而看不到现在的好；
过去的不好已无法改变，现在的好又享受不到。
这样，他的生活里哪里会有好呢？他又怎能过上好的生活呢？
奇怪的是，他的本意是想过得比任何人都好。
南樵：可以简称为不适当的欲求。

1018. 一个自幼遭受过度压抑和贬损的孩子，日后找到某一种方式不顾一切地寻求补偿——如同有一张饕餮大口，永不餍足地吞吃食物，贪求知识，攫取金钱，成为工作狂等。
南樵：症状的背后就有这样一张饕餮大口。

1019. 当一个人受伤了，有两种态度会导致他的伤久而不愈：
一、他不接受受伤；
二、他强求愈合。
南樵：疗愈之发生，关键在态度。

1020. 为什么一个人常常受伤，且久而不愈？原因大致有二：
一、因为太强，则易受伤；
二、因为太单一，则难疗愈。
南樵：不仅要看受伤的事实，更要了解受伤的原因。

1021. 在受伤的地方，总有敏感的自尊。

在自尊敏感的地方，总有过度的回避。

成长的意识就是在受伤、敏感自尊与回避的地方停留一下，凑近看一眼。

南樵：直面疗法的核心：疗伤。

1022. 强而不大，要么伤人，要么受伤，要么伤人又受伤。

南樵：过强易折，至坚易断，自损而损人。

1023. 你太顾忌别人，这来自你母亲对你顾忌太多。

南樵：找到根源，但不诿过，经历自我的文化更新。

1024. 问题常常可以归因于此：完美被破坏了。

要么完美无缺，要么垃圾一堆——这人就不在现实里，我们对他有什么办法?

他没有长大。

南樵：因为没有长大，所以不依不饶。

1025. 顾虑重重的人，你的问题叫“顾虑重重”，你的名字也叫“顾虑重重”。

南樵：直面医者建议：喊他的名字，让他看到自己。

1026. 强求孩子为了营养吃饭，把孩子进食的乐趣破坏了；

强求孩子为了成绩学习，把孩子求知的乐趣破坏了；

强迫孩子只跟“好孩子”交往，把孩子关系的乐趣破坏了；

强迫孩子只追求“有用的”，把孩子生命的乐趣破坏了。

这些一心为了孩子好的父母与老师却不知道孩子为什么厌食、为什么厌学、为什么厌人、为什么厌世。

兴趣没有了，动机没有了，哪会不厌？

南樵：功利主义之损害，大矣！无孔不入矣！

1027. 为了追求尽善尽美，失掉了许多尝试的机会。

南樵：完美主义之诱惑，深矣！无所不及矣！

1028. 当你变得成熟，那些被世人拼命追逐的东西便对你失掉了吸引力，而那些自然而随意的东西便开始引起你的兴趣。

南樵：成熟者回归生命的自然。

1029. 过去强求自己口吐莲花，所以在关系中凋谢了；
现在开始学习多说废话，然后在关系中绽放了。

南樵：先学会说废话，然后再学习说话简洁。

1030. 以你的丰盛让他丰富；
以你的自然让他自在；
以你的活泼让他自由；
以你的热情让他生动。

南樵：让生命成为春天，消融关系的冰河。

1031. 我们经历的人生都会留下遗憾，但我们不能在有遗憾的地方留下。

南樵：症状显示：人无法接受自己的人生有遗憾，因此在有遗憾的地方徘徊不已。

1032. 父母做这三件事，可能会让孩子成为“病人”：

一、给孩子一个单一的目标——如成绩考第一，让他一直为了获得这个和保有这个而努力；

二、不让孩子跟同伴交往，或者，只允许孩子跟成绩好的同学交往；

三、除了学习功课之外，不读任何课外书 。

南樵：直面医者阐释上述三条：第一条造成思维单一，第二条造成经验单一，第三条造成内心世界单一。因为单一，所以生病。

1033. 受苦是不可避免的，但可以选择受怎样的苦——有的苦是有意义的，有的苦是没有意义的。

南樵：为直面而受苦是有意义的，因为它带来成长；为逃避而受苦是没有意义的，因为它导致症状。

1034. 不是症状，而是缺失。

所谓治疗，就是促进成长——让缺失的东西在你身上长出来。它们是：经验、情感、勇气、态度。

南樵：直面心理学的治疗之道：了解生命经验中遭受到怎样的剥夺，看到心理上形成了怎样的空缺，觉察在空缺里产生了怎样的补偿动机。

1035. 因为一直生活在雾中，她不再相信会有阳光灿烂的日子。

南樵：情绪的遮蔽，仿佛在雾里。

1036. 她是在寒冷里抖瑟的花骨朵，

也没有绽放的意愿和希望。

她一直叙述着冰寒，

她的叙述寒气逼人。

她本来有对春天的期待，

但她拒绝了春天。

因为春天只会在春天的时节才来，
她不肯等待，那么久。
南樵：有一种情绪叫抑郁，有一种抑郁叫幼稚，有一种幼稚叫赌气。

1037. 你是一只掉了队而落单的小鸡，
一直在山坡一角的草窠间哀鸣。
在声声哀鸣中，你一直没有长大。
而在山坡的另一边，
你往日的同伴已经长大、生蛋，并且孵出自己的小鸡，
而你，还是一只哀鸣的小鸡。
偶尔在山坡上相遇时，
你认不得它们，它们也认不得你。
它们寻食、下蛋、孵小鸡，
你在草窠间哀鸣："我是一只可怜的小鸡……"
南樵：一个人内心深处有一个怎样的角色，这个角色就让这个人去过一种怎样的生活。

1038. 去关心别人，对别人有兴趣，便走上了关系的通途；
只关心自己，只对自己有兴趣，便走进了自恋的死胡同。
南樵：你对世界漠然，世界以漠然对你。

1039. 越是愿意去关心他人，越是得到他人的关心。
因为只在乎自己，最后只剩下自己。
南樵：这是一种成人的幼稚：最不关心他人，却最想得到他人的关心。

1040. 一个自恋者不会爱别人，也不会感受到别人的爱——他只有自己的感受。

在自恋中，他丧失了爱的能力——因为自恋不是爱自己，而是损害自己。

南樵：在自恋里没有别人，只有自己，却又不能对自己好，不过是折磨自己。

1041. 一个人害怕犯错误，就不敢去尝试，就不会有经验，就只会去依赖，最后就让自己病了。

南樵：不会故意犯错误，不必害怕犯错误。

1042. 因为装，所以难受；

因为难受，所以生硬。

南樵：无法装下去了，就会生硬，或者生病。

1043. 什么叫症状？就是一个人天天在那里哭喊：

一、哇哇，我要吃奶，你不能离开我。

二、哇哇，我饿了，你却不在，我恨你。

南樵：因为没有长大，所以哭喊。一直在那里哭喊，就一直不会长大。

1044. 每个人都可能遭遇人生苦害，每个人都可能发展出心理障碍，但症状久而不愈的原因大致有：

一、来自环境的损害在持续，甚至加剧，支持却甚少；

二、当事人自己并不想好，他甚至想毁掉自己来报复环境；

三、他缺乏关系的能力，包括关爱他人的能力、体谅他人的能力、付出的能力、合作的能力；

四、他只关注情绪，屏蔽了情感；

五、他只使用头脑，失掉了本能。

南樵：问题不只在病了，问题更在久病不愈。

1045. 魔鬼下手的地方，便是你受过伤的地方。

他利用你的伤来诱惑你，让你臣服于他。

南樵：当你回避你的伤，讳疾忌医，便在暗中给魔鬼留了机会。

1046. 如果你只关注自己的情绪，你怎么走到心所在的地方？

如果你不能达心，你怎么行事为人？

南樵：不能达心，安能达人？

1047. 成为自己的人，才可以成为别人，即设身处地体谅别人。

南樵：成为自己，是自我的能力；成为别人，是关系的能力。前者是“横眉冷对千夫指”，后者是“俯首甘为孺子牛”。

1048. 为什么他们那么在乎道德？

因为他们在乎安全。

为什么那么多人成了道德主义者？

因为受到了道德的强求。

道德强求的背后有一种无意识的安全需求。对于许多人来说，道德即安全——不管是强求自己道德还是强求别人道德，目的都是为了安全。

南樵：这便是道德主义文化的根，它的方式是损害性的：为了安全，不顾其他。

1049. 人生有真命题，

人生有伪命题。

探索真命题带来成长，

追求伪命题导致症状。

南樵：对这两个命题的探索皆是无穷无尽的。

1050. 认清你的现实，基于你的现实做选择，直面尽在其中矣。

南樵：直面医者在治疗中会探询一个问题：你的现实是什么？在这个探询的过程中，直面医者发现了大量的逃避。在逃避中，人失掉了他的现实，也选择了他的选择。

1051. 因自然而做，就一直有动力去做；

被强求才做，没有强求就不做了。

南樵：因为被强求学习，大量的孩子厌倦了学习。学习是终身的，这只在那些自然学习的人身上才得以实现。

1052. 强求下长大的孩子，只好用表演来应付自己的人生。

因为自然的动机被破坏了，他们身后是荒芜的人生。

南樵：人类似乎永远都在强求与自然中行进——强求造成了伤害，自然进行着疗愈，至今犹然，甚至愈演愈烈。

1053. 症状的诱饵是：你可以控制我。

当你去控制它，你即被它所控制。

治疗的奥秘是：我不去控制你。

当你决定不去控制它，它便失掉了对你的控制力。

南樵：人类很容易受诱惑——随意吞吃诱饵；人类却难以得疗愈——拒绝了解奥秘。

1054. 被症状诱惑的人，是因受伤而幼稚的人；

在觉察中成熟的人，就不再是症状的菜。

南樵：症状在地上走来走去，寻找可以吞吃的人。

1055. 成熟的人即使悠悠闲闲也不受症状之诱惑，

不成熟的人忙得不堪依然被症状乘机掳走。

南樵：直面医者常说：不是有病没有病，而是成熟不成熟。

1056. 投身于此时此地，

投身于为所当为，

让自己成长，

让症状无奈。

南樵：坚持自我成长，症状对你无奈。

1057. 根本不去考虑症状，症状自然没有了；

天天想着解决症状，症状就一直存在。

南樵：症状的存在，限制了人的存在。

1058. 妈妈是最好的妈妈，为女儿做一切；

女儿对妈妈有极深的依赖，什么都不想做。

一直依从妈妈的女儿开始讨厌妈妈……妈妈好惶惑，好委屈，好受伤。

女儿事后也感到内疚，却总是忍不住。

有一天女儿说："妈妈，我有病。"

妈妈立刻就明白了：原来女儿有病。

从此，女儿心安理得地胡闹，

妈妈理所当然地送女儿住院。

八年之后，她们遇见了直面医者，

直面医者开始为她们解谜。

南樵：直面医者的工作，有一部分是"解谜"。

1059. 症状是生命能量的失衡：用于直面太少，用于逃避太多。

于是，在逃避途中，一个症状者把自己的能量消耗殆尽。

南樵：逃避与直面，生命的永恒主题。

1060. 她说她得了抑郁症、焦虑症、强迫症、歇斯底里症、人格分裂、多重人格、精神分裂、狐仙附体……这全是扯淡。

我说她没有长大——这才是真的。

南樵：有时候，症状等于没有长大——该长大，却没有长大。病是从一个人生命中没有长大的地方长出来的。

1061. 症状在最深处显示：不是缺乏能力，而是缺乏勇气——一种直面的勇气。

南樵：直面医者沿路遇到许多正在逃避的人，并用一个比喻来形容他们：练就一身打虎的本领，却被一只蚂蚁追得四处逃窜。

1062. 生活是选择，这无法回避。

如果你不做选择，你就选择了症状。

南樵：大量的实情是：回避了生活，选择了症状。

1063. 症状是成人的哇哇大哭，

因为他的生活成了摔碎的玩具。

南樵：许多年前，直面医者生活中出现这样一幕场景：儿子的玩具摔坏了，站在那里哇哇大哭。许多年后，直面医者在他的工作中看到一幕又一幕的场景：那一个又一个成年人，以症状的方式“哇哇大哭”，原来是他们生命中的某件宝贝摔坏了。

1064. 幼小的人面对生活只有两种反应：傻笑与大哭。

南樵：他们对生活只有一种诉求：只要好，不要不好！

1065. 我对一个人说了一句诚实的话："你当诚实——首先对自己诚实。"

南樵：不诚实的人会因为不诚实而付出代价，还会因为不诚实而根本都不知道这一点。

1066. 你在最没有自我的人身上发现了固执，就难怪他会发展出症状；

你在最有自我的人身上看到了自然，就理解他何以实现了自由。

南樵：自然通向自由，固执陷入症状。

1067. 一句简单的话语给人带来了改变，是因为它里面蕴含着人生的精纯；

一个简单的想法给自己造成了症状，是因为它背后累积了大量的人生重负——伤害为其原发，又不断累加，便成了积重难返，甚至是万劫不复。

南樵：深度的疗愈，带来生命的觉察。

1068. 无中生有是创造，

有中生有是制造。

有而无生是沿袭，

生而无有是抄袭。

南樵：有无之间，变化万千。

1069. 自然的部分受到了破坏，

学来的部分就成了防御。

南樵：自然是学习的基础。可惜的是，人们过分看重后者，过度忽略前者。

1070. 看上去是对不对，
实际上是爽不爽。
南樵：因为不爽，所以不对。

1071. 为什么症状久而不愈？
因为只有一个小孩子的眼光，没有长出一个成人的视角。
南樵：症状里一直躲着一个小孩子。

1072. 你感觉不到，是因为你心里不爽。
为何不爽？是因为你从小到大一直没有受表扬。
南樵：麻烦在此：本是一个成人，一心想得表扬。

1073. 你与他人的关系一直在错位里，
你与世界的关系一直在落差里。
症状便从错位和落差的地方长出来了，
它的本质话语是：你没有长大，你却不知道。
南樵：问题在于：你没有长大，你还不知道这一点。

1074. 你有怎样的人生，要看三种情况：
一、你生来的情况；
二、你遭遇的情况；
三、你如何做选择的情况。
最根本的是要看第三种情况。
南樵：一般人以为人生是由前两种情况决定的。

1075. 什么时候你在女人的内部看到一个小孩，并且知道如何回应这个敏锐的小孩，这时你就成了一个成熟的男人。

南樵：对于女人来说也是如此吧。

1076. 幸福的人生，得其所得，也失其所失；

不幸的人生，失其所失，也得其所得。

二者所得所失，皆无法比较。

尼采路过这里说了一句话："同一样东西，未能摧毁我，就会坚固我。"

南樵：在比较之中患得患失者，失掉的是整个人生。

1077. 最光亮的人最喜欢阴影，也最害怕阴影；

最阴影的人最喜欢光亮，也最害怕光亮。

最渴望什么，就会同时最害怕什么，这是人类最基本的悖论。

南樵：症状是分不清到底是渴望还是害怕，因此形成了这样的情形：害怕自己所渴望的，渴望自己所害怕的。

1078. 自幼在"好"里长出来的孩子，容不得自己的"不好"。

这便是他受苦的原因。

南樵：尽力做好，接受不好，人生才流动，生命才成长。

1079. 在你所有活得好的部分，就长出"甘"来，你只管去享受它；

在你所有被迫牺牲的部分，会长出"不甘"来，这让你受苦。

因此，你的生活在"甘"与"不甘"之间。

南樵：甘愿让人顺风顺水，不甘让人倒行逆施。

1080. 从内心出发，而不是从条件出发；

看自己的内心动不动，而不是看对方的条件够不够。

南樵：在一个条件化的时代，“从内心出发”变得尤为重要。

1081. 来访者自白：

“为什么我知道别人需要什么，却不知道自己需要什么？

为什么我总是去满足别人的需求，却不知道该为自己做点什么？”

直面医者回应：

“因为你害怕做自己。”

南樵：害怕做自己，不敢为自己。

1082. 来访者在直面医者身上发现了一个莽撞的少年，

而他同时看到，他自身内部竟隐居着一个成熟的医者。

——他们都在他的一场梦里露面了。

南樵：或许，那个少年和那个医者都是他自己；或许，那个少年正在长成一个医者。

1083. 神经症常常有两个部分：

一个部分呈现出来，为了讨好别人；

一个部分藏在内心，用来折磨自己。

南樵：布根塔尔对人的提醒：对自己好一点！

1084. 人生是在两者之间做出选择：是要保险，还是冒险？

养育与成长的问题是：为了保险，不要冒险。

南樵：为了成长，且去冒险。

1085. 请把山门打开——

让自己走出去，让别人走进来；

让自己走到山下去，让别人走到山上来。

南樵：直面医者在症状的“铁屋子”前叩门：不要高高在上，不要把门紧闭！

1086. 人生是一场叙事，而非一张答卷。

当一样东西无法改变，我们不去改变它，我们选择叙述它。

如同一艘船正在沉没，我们无法挽救，我们却可以叙事。

叙事是最没有用的，叙事也是唯一有用的。

关于你的症状，你唯一能做的，是叙述它，而不是解决它。

或者可以这样说：当你在叙述它，你就在理解它；当你理解它，你就在解决它。

我是你的治疗师，其实是与你同行的叙事者——我来是为了给你做见证。

如果有人问起我与你的关系，

如果有人问起我对你的意味，

你所能说的也只是：“我们共同叙事！”

南樵：人生是一场叙事，治疗亦是。

1087. 虽然条件十分有限，但内心有一盏灯，便走到了光亮的地方；

虽然外部闪闪发光，但内心一片黑暗，便陷入了黑暗的境地。

南樵：直面医者不看重外部光亮，而看重内部光亮。

1088. 信仰给怀疑留了空间，才不会沦为迷信；

信仰者以自己为绝对真理，就已经中毒。

南樵：直面医者说：中毒的信仰，便是症状，不管它多么信誓旦旦。

1089. 我们人生向前走的每一步，后面都有破碎的声音。

南樵：经历破碎，走向整全。

1090. 症状是一个人为追求绝对安全而付出的代价。

南樵：直面医者看到：因为不敢冒险，许多人就失掉了成长。成长是冒险带来的好处。

1091. 发生了一件不好的事情，认为一切都完了，此为灾难化；
关系中出现一点问题，认为对方一无是处，此为妖魔化；
要么把事情全都砸掉，要么干脆把人干掉，此为极端化。

南樵：直面医者总结说："三化"害人伤己，防备自身有"三化"的情况，提防周围有"三化"的人。

1092. 最自私的人最宣称无私，此为洗脑；
最无私的人最遭受剥夺，此为被洗脑。

南樵：所幸的是，人类并不只有这两种方式，也并不只是这两类人。

1093. 因为生活太难了，又因为欲求太高了，人便病了。
这病里隐含着一个目的：回避掉生活的所有困难。

南樵：病里有原因，也有目的。

1094. 问题常常只在一个地方：从小被强求而变得优秀，但同时被吸干了自然的勇气与动力。

南樵：人们看不见的"得不偿失"——看得见"得"，看不见"失"。

1095. 我们有现实性的期待，我们有补偿性的期待。
前者有动力，后者有危险。

南樵：最需要防备的是，补偿动机下隐藏着危险。动机越强，危险越大。

1096. 在那样一场恋爱中，你不小心吞进了一些有毒性的食物，所幸的是你没有被毒倒，反而增强了抵御毒性的能力。

这也是恋爱的意义。

南樵：恋爱最终会给我们带来什么？结果常常让我们惊讶。

1097. 因为有了对文化的觉察，我们才走向自由。

南樵：各种各样的觉察，从根本上说是文化的觉察。

1098. 赞我，一张老脸。

骂我，老脸一张。

南樵：不是不要脸，而是不看脸。

1099. 有一种条件化的爱，它一边爱，一边损害。

南樵：自然的爱是非条件化的，因而能够培育，不会损害。

1100. 虽然害怕，依然直面；

虽然看透，依然悲悯；

虽然受伤，依然去爱；

虽然不确定，依然做决定。

南樵："虽然……依然……"是直面心理学的基本句式。

1101. 保持一份悲悯，

虽然已经看透。

南樵：看透之后不是空，看透之后有悲悯。

1102. 你的眼睛只盯着最高的地方，

你的心中只有高飞的欲望，

你怎么在现实中确认？
你怎么在关系中联结？
南樵：高处不胜寒，低处有温暖。

1103. 神经症的特点是：
一、盯着一点不放，看不到全面；
二、抓住过去不放，失掉了现在。
南樵：当这两种情况达到极致，即成神经症。

1104. 我不是害怕信仰，我害怕的是信仰里掩藏着深而未愈的伤。
南樵：直面医者说：怕得有理！

1105. 我常常遇到两种人：一是贪高者，一是贪多者。
前者想超绝人类，达不到就觉得自己一无是处；
后者想拥有一切，得不到就觉得自己一无所有。
南樵：二者有一个共同的名字：完美主义。

1106. 普通人能看到的，他们看不到；
普通人看不到的，他们能看到；
普通人能做到的，他们做不到；
普通人做不到的，他们能做到。
这便是美丽的神经症。
南樵：这是人类存在的一道特别的风景，被称为美丽的神经症。

1107. 我常常在想，我与来访者有什么区别？
根本而言，不是我比他们更好，也不是我比他们更有知识，而是我更关注“得到”，他们更关注“失掉”。

具体而言，我关注的是：我可以得到什么？我正在得到什么？我已经得到什么？

大体而言，他们关注的是：我会失掉什么？我正在失掉什么？我已经失掉了什么？

于是，我常常生活在满足与喜乐里，他们常常生活在不甘与惆怅里。

我为什么能理解他们？因为我曾经跟他们一样。

我怎样去治疗他们？我不过是坐在这个地方，向他们招手："过来！"

南樵：我的疗愈工作，是面对来访者，是体现直面医者！

1108. 自我太单薄，不足应对世界。

情感不通畅，何以与人联络？

南樵：疗愈的要务，是建立自我，疏通情感。

1109. 谁也救不了你，但真相可以救你，而真相就在你心里。

南樵：我们所能做的，是了解真相、面对真相。

1110. 因为成长的每一个阶段都有缺失，她的生命如同遭遇了一场百年之旱。

她一直在等待一个人，来浇灌她的百年之旱。

我说："如果有一个人给你带来丰盈的雨水，你有耐心让他在漫长的时间里一点一滴渗透你吗？"

南樵：那个雨水丰盈的人，叫直面医者。

1111. 她的样子像一只刚出壳的小鸡，晕眩而僵硬，浑身湿漉漉的。那是她与世界接触太少的缘故。

十几年过去了，她一直活在幼年时遭遇的一场惊吓里。

因为现实里没有完美可以补偿她，她依然做小孩子。

南樵：直面医者深深凝视着她，内心充满悲惜。

1112. 一个女子迟迟不敢恋爱，她的父母万分着急，便托人给她介绍了一个对象，并安排他们结婚了。

她的丈夫竟然十分好，每个人都羡慕她如此幸运。

她却不能真心投身去爱她的丈夫，因为丈夫不是她的选择，她心有不甘。

后来人们了解到，她丈夫的名字叫生活。

南樵：对生活的爱是注定的，不是选择的。

1113. 有一种傻是这样的：你跟他说不明白，他看上去很对，既符合逻辑，又极其真诚。

你只有一个办法：任他傻下去，直到某一天他长大了，上门来找你，说："当初我好傻……"

南樵：直面医者在内部提醒：等待，等待！

1114. 你看不出他有什么特别，因为他与你没有特别的关系。

南樵：因为跟你有了特别的关系，他在你眼里成了特别的。

1115. 只有过本真的生活，才不会心有不甘。

因为完美是不可能的。

南樵：我们无法完美，我们可以本真。

1116. 在"创造潜意识"工作坊里，潜意识向我呈现了这样两个图形——并且每个人都能读懂它们：

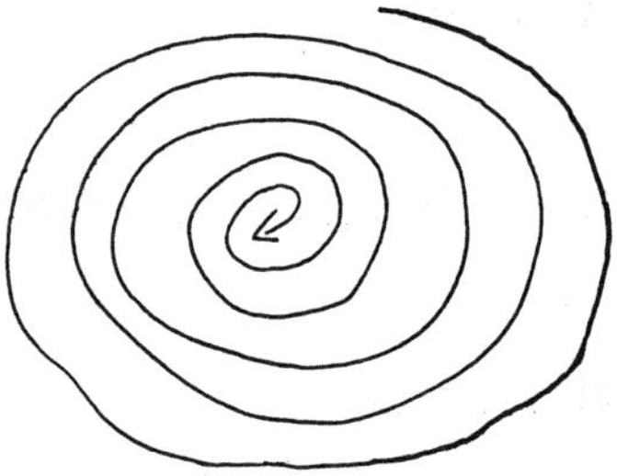

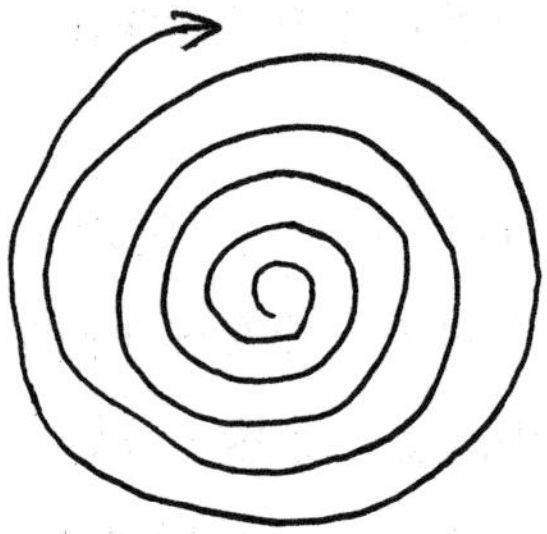

南樵：一条逃避的路与一条直面的路。

1117. 一个人有聪明、才智、美貌、善良，却没有自我，也没大用途。

相反，他没有那一切的条件，却有确认的自我，则有大益处。

自我会长出好的条件，好的条件却长不出自我。

南樵：从自我长出条件，那是自然；用条件掩饰自我，那是遮蔽。

1118. 这位“学霸”的烦恼是：“以前我一直学习功课，对世界一无所知。现在我开始学习接触人，惹了一大堆麻烦。”

南樵：在功课里躲避，不如在麻烦里成长。

1119. 听完一个“学霸”的奋斗史，我问：“像你这样一个奋力上进的人，为什么竟会变得抑郁？”

她的回答是：“因为我不够吃苦耐劳。”

而我的理解正好相反：“因为你一直对自己太狠，受苦太多。”

南樵：在症状的背后，常常有一部自己没有读懂的苦难史。

1120. 如果这是你的优势，而别人也都知道，你不必声张，更不要炫耀。

你可以在别人不知道的方面增强自己，使之与你身上的优势相辅相成、相得益彰。

南樵：成熟的心灵以实力说话，不显山露水以自重。

1121. 有一个女子被一万个人喜欢了一遍，最后她还是没有喜欢上任何一个人。

她具备了关于喜欢的所有知识，却没有长出一颗喜欢别人的心。

南樵：一个没有自我的人很容易被人喜欢，但她很难喜欢别人。因此，喜欢她的人一个个来了，喜欢她的人又一个个走了。这是她人生中不断转换的风景。

1122. 有一个女孩子不想活了，她在网上买毒药，又与人约自杀。

她的父母把她打个半死，然后把她扔到森林里去了。

临离开时父母对她说："如果你从森林里爬回家了，我们还认你做我们的女儿。如果你最终没爬出来，就在森林里做个狼孩吧——如果你有幸遇到一头狼愿意收留你。"

言毕，离去。

南樵：有许多孩子在父母过度保护下被养成了羔羊，世界将成为他们无法适应的森林。直面医者对他们的父母说：也许把孩子交给狼养一阵子，还会有机会。

1123. 为什么一个人如此贫乏而单一？

因为他一路走来只在找自己想要的某一样东西，对随时涌来的丰富多样的资源忽略不顾，无所用心。

他的脸上写有一行字：与我无关。

南樵：直面医者一路遇到许多脸上写着"与我无关"的人，便提醒说：如果世界与你无关，症状一定与你有关。

1124. 查一查你身上有没有这两种情况——它们在暗中阻碍你：一、不仅想完美，还想一下子就完美；二、总去看别人身上迷人的亮点，忽略自己身上自然的光亮。

南樵：这两种情况足够让一个人过上一种自虐的生活。

1125. 幸福有时候只要一个条件：不够好也是好；

痛苦有时候只因一个态度：不够好就是不好。

南樵：说到本质处，凡事皆简单；落实到行动，处处是艰难。

1126. 一个孩子病了，且十年不愈。

他的妈妈来跟我谈话，我内心的直面医者立刻有了一个发现：这个妈妈把家庭文化生态破坏了——之前，妈妈把自己的意志强加给儿子，因此儿子病了；之后，妈妈完全听从儿子的意志，因此儿子久病不愈。前者叫专制，压垮了儿子；后者叫溺爱，宠坏了儿子。

南樵：古人尝问：何以前倨而后恭？现在成了亲子关系的普遍现象。

1127. 因为逃避，你一次次失掉了尝试的机会。

但你安慰自己说："为了安全、保险、平稳，付出任何代价都是值得的。"

南樵：直面医者感慨：好深的逃避啊！

1128. 世界在她眼中太凶神恶煞，只有天堂才适合她居住。

她并不知道，她眼中那凶神恶煞的世界，原来是母亲在她的心灵里投映的面影。

南樵：有一个女子对直面医者说：我内心里有一个巫婆，她总对我说话。好奇怪啊，她说话的声音像我的妈妈！

咨詢師的信念是：
成長是可能的。
咨詢師的工作是：
永遠在等待。
咨詢師的報償是：
看見鐵樹開花。

——王學富

1129. 我说的是一点，不是全部；

我说的是现在，不是永远；

我说的是你做的事，不是你这个人；

我说的是这件事，不是所有的事；

我说的是这个挺好，不是所有都好；

我说的是这点不好，不是全都不好；

我说的是相对的情况，不是绝对；

我说的是此生，不是来世；

我说的是你儿子，不是你；

我说的是你一个人，不是你全家，更不是你整个国家；

我是一个人在说你，不是全世界都在说你。

南樵：直面医者声明。

1130. 在症状的深处，我看到一种道德主义的阴魂不散。

它盘踞在太幼小纯洁的心灵里，要求他洗掉从小到大一切的脏污，包括想象中的脏污。

而这可怜的孩子一直不知道，他所需要的正是这脏污。

南樵：直面治疗的取向：在洁白的生命上抹一把泥！

1131. 他内部居住着一个批判者——因为住久了，俨然成了这里的主人。

这个批判者会批判他身上所有的好处，也会找到别人身上某个不好之处加以批判。

结果是：他对自己不好，但在别人面前装好，也装着对别人好。

南樵：症状呈现的一个情形：内部有一个批判者，外面有一个表演者。

1132. 当今世界有一个现象：越来越多的人不肯生孩子。他们之中有许多人以自己的经验证明，他们自己本是不该出生的人。从文化生态的角度来看，他们是被文化损害的人，而文化无法修复他们受损的心灵。他们不肯生孩子，是因为他们不愿看到自己的命运在他们的孩子身上重复。因此可以这样说，他们的选择是一种文化的抗议，也是一种德行的自觉。如果我们希望有更多的人愿意生孩子，唯一的办法就是：让迎接孩子出生和培育孩子成长的家庭文化是健康的，让孩子充分感受到来到这个世界上活一场是值得的、幸福的。

南樵：直面医者对父母的一个提醒：对你们的孩子好，让他们觉得活着真好，他们就愿意生孩子。

1133. 所谓症状，便是拒绝文化更新。

南樵：对于直面医者来说，成长就是经历文化更新，与之相反，症状就是拒绝文化更新。

1134. 做心理咨询久了，你眼中不再有穷人与富人、好人与坏人、美人与丑人，你眼中只有人，皆是可悲悯的人。

南樵：直面医者的疗愈，源自对人类的悲悯之心，它超越了穷富、美丑、好坏，直探人性的本质与人类的处境。

1135. 症状就是把十二岁以前的恐惧置放在二十岁以后的处境里，而自己完全不知道这里有什么不当之处。

南樵：直面医者看到的基本情形是：十二岁之前经历了过多的恐惧，二十岁之后把恐惧转化成了自己都不明白的东西——症状。

1136. 年轻的时候，我跟她相遇，我有一个发现：她的头脑全都想到了，与我想的一样。

但我跟她的不同在于：我相信我所想的，而她批评自己所想的。

一些年后，我们又相遇了，我又有一个发现：我们各自走了一条不同的路。

且我们对人生的解释是不一样的：我说："这是我的选择。"她说："这是我的命……"

南樵：人生的分野从这里开始：你在怎样看待你的思想，你在怎样选择你的人生。

1137. 从一个个不同的家庭文化生态里走来一个个不同的孩子。他们生来皆是天然，文化让他们各有不同。

南樵：孩子的生命状态，呈现的是他背后的文化生态。关键只在这里：要养育好的孩子，就要造就好的文化生态。养育者、教育者、管理者都需要明白这一点。

1138. 不是你有多少条件，而是你有没有自我。

因为父母不明白这一点，孩子就成了拥有条件却没有自我的人。

南樵：世人大多看条件，直面医者看自我。

1139. 成长的条件是：我们知道自己携带着什么样的文化，我们知道所携带的文化在怎样影响着我们；

不成长的原因是：我们不知道。

南樵：直面医者喜谈文化，直面疗法是关注文化的疗法，它的核心是文化敏感。

1140. 从意愿上看，成长可分为两种：自愿的成长与被迫的成长。

因为过去遭受太多的压抑与扭曲、损伤与破碎，后来就得经历被迫的成长，然后转变成自愿的成长。

如果父母的养育一直是理解的、支持的、深情的、辅以规则的，这成长便成了自愿的成长，也就是自然的成长。

南樵：如果没有自愿的成长，至少还可以有被迫的成长。二者皆是好的，因为都是成长，只是后者更难。

1141. 人不能受太多苦——特别不能受太多违背自己的苦。

受太多违背自己的苦，就会成为苦大仇深的人，就会丧失体验幸福的能力与意愿，不仅体会不到幸福，还会选择过自讨苦吃的生活——不管拥有多少幸福的条件，也克服不了内心追求自虐的倾向。

南樵：探索症状的根源，在很深的地方有一个“受苦者”角色，就像命运安排当事人一生扮演这个角色，让自己的生活成了一场悲剧。

1142. 选择的黄金法则：

一、首先要考虑的是自己喜欢的事，其次是自己能做好的事，最后才是自己应该做的事，但人们常在这个地方惶惑；

二、没有完美的选择，每个人都做好准备在选择时会丢失一些东西，你无法把所有都带走，人们常在这个地方害怕；

三、选择不是“一锤定终身”的，先根据现在的情况做出选择，将来听到其他召唤，也可改变，人们常在这个地方犹豫。

南樵：在关乎人生选择的这个地方，直面医者遇到许多惶惑的人、害怕的人、犹豫的人，便想到在选择之地立下一个警示碑，上面刻上选择的黄金法则。

1143. 人生如此短暂，
资源何其有限，
我们奋尽全力尚且不能达，
哪能胡乱花费时间与资源。

南樵：为人自奋勉，身后少缺憾。

1144. 人生三知道：

一、知道要到哪里去；

二、知道用什么方式到那里去；

三、知道谁可以帮助你到那里去。

南樵：足矣。

1145. 父母听到孩子呼救的声音，心里焦急，却不知道声音从何而来，也不知道孩子落在多深的地方。

但直面医者知道。

直面的治疗就是循声走到孩子所在的地方，走到深处去，把孩子捞出来。

南樵：救救孩子！

1146. 父母惹怒孩子的原因是：看到孩子表面的好，看不到下面的好，看不到表面的好下面的不好，看不到表面的不好下面的好。

南樵：直面医者能帮助，是因为他能看到。

1147. 本来是情感受伤了，却在头脑里做文章。

南樵：症状都是由头脑里出来的文章，字缝里隐藏的是一个字：伤。

1148. 受压抑最深、被贬损最重的人，最想成为天才，也最容易成为病人。

——因为他们最没有自我。

成为天才就成了他们的救命稻草或人生绝唱，仿佛沉沦之前的拼死一搏或最后一呼。

——因为他们一直未能活出自我。

南樵：长出自我、活出自我最为重要，成为天才倒在其次。

1149. 当你害怕它，你就在期待它；

你越是害怕它，你越在期待它。

南樵：它的名字叫症状。

1150. 头脑是一个卫兵，

它守卫着情感，

也囚禁了情感。

情感在感谢头脑的同时，

也在想办法逃离头脑。

南樵：人是头脑与情感的悖论。

1151. 有人看上去有很多麻烦，但内心有一盏灯，便借着这灯光，走到了光亮的地方。

也有人外面闪闪发光，但内心是黑暗的，因为没有内在的光照，便走进了黑暗。

南樵：有两种光亮：一是条件的光亮，一是心灵的光亮，通常它们并不同时发光。

1152. 一个人自幼就建立了许多条件，但因为不断受到强求，他的勇气也渐渐被榨干了。

他长大了，发现自己几乎什么都有，独独少了勇气。

因为缺乏勇气，他发现自己几乎什么都不能做。

南樵：可贵的是，一个人缺少条件，但不缺少勇气；可悲的是，一个人不缺少条件，却缺少勇气。

1153. 头脑与情感约定一起去做事。

头脑早早到了，独自忙得不堪；

情感姗姗来迟，还是插不上手。

南樵：直面医者在症状里看到一种成长上的错失：头脑早早到了，情感迟迟不来。

1154. 几乎所有的症状皆有共同的特征：与人接触太少，关系出了问题。

因此我给一位来访者提了这样的建议：一、哪里人多，你就朝哪里凑（可以获得经验）；二、多跟人说废话（可以建立关系）。

南樵：听者皱眉：就这么简单？医者哈哈：就这么简单！

1155. 缘着症状，你会看到人性两个极化的欲望：一是贪高，一是贪多。

贪高者顾上失下，贪多者顾此失彼。

南樵：贪高者心虚，贪多者心慌。

1156. 因为缺乏勇气，所以一脸严肃。

在人生每一个受困的地方，都有一张过于严肃的脸；

在人生所有自由的地方，都有一张张笑靥如花绽放。

南樵：直面医者提醒：时时用镜子照一照自己的脸，从中可以看到人生的实情。

1157. 症状是一面镜子，照见一个个该长大却没有长大的人。

南樵：成长即疗愈。

1158. 症状为何久治不愈？因为人在内心里不肯长大。

南樵：直面疗愈的奥秘在于动机：让一个人愿意长大。

1159. 在单一的家庭文化中长大的孩子，因为被安排太多、被保护太多，也就是被限制太多，他们在后来进入社会人际环境中时会被动、依赖、表面化、不在场、与人有隔膜，会丧失生命的原初冲动，没有动力，失掉自发性，没有创造力。他们经历人生，像是走一个过场。因为活得不好，活着本身就成了问题。

南樵：直面医者最看重家庭文化生态，因为一个个孩子都是从那里走出来的。

1160. 心理咨询给你带来的一个最起码的好处是：你开始反思自己的生活。

南樵：有了反思，就会有觉察；有了觉察，就会有好的选择。

1161. 一个对生活没有预备好的人，在生活中会被人踹着往前走。

而他最没有预备好的部分，正好就是他被踹得最多的部分。

南樵：好的教育就是预备好孩子，让他在生活中不是被踹着前行。

1162. 学好功课是一个条件，学会聊天是一种能力。

南樵：有一种神经症呈现这样的情形：功课很好，聊天不会。

1163. 为什么你的孩子跟你闹？

因为你欠了他成长的债。

南樵：症状是债台高筑，还清债务便是疗愈。

1164. 父母带孩子来找我，我说了许多话，父母开始听不大懂，但渐渐地……

我说："不要给孩子加添这么多正能量。"

他们一脸惶惑。

我说："孩子之所以发展出症状，是因为父母太多正能量。"

他们惊绝于地。

我说："世界不只有正能量，还有负能量。"

他们谨慎认同。

我说："父母只给孩子正能量，孩子就难以辨识负能量。"

他们微微点头。

我说："如果正能量太多，孩子就会烦正能量，反而迷恋负能量。"

他们愿闻其详。

我说："症状便是一种慢慢聚合起来的负能量，到处诱拐头脑里只有正能量的孩子。"

他们开始反思。

我说："适当的负能量对孩子成长是有益的，因为生命健康的状态是光影交错。"

他们开始说话："原来这样！"

南樵：直面医者的工作包括解救几乎无可救药的正能量父母。

1165. 我们的生命是一辆车，"应该"不停往车上加载它的东西，而"完美"正在把它所有的东西都加载上去。

我们的车承载不了这般重负，所以难以向前行进了。

这种状态叫病。

人生要学习的一门重要功课就是放下，具体而言，就是把"应该"与"完美"强行放在我们车上的东西扔下去。

南樵：如果我们不能即时放下，最终我们只好全面放弃。

1166. 有许多这样的人：他们认真、执着、上进心强、充满正能量，却不知道为自己保留一个空间，以便容纳自己的懒惰、贪玩、随性、阴影。渐渐地，他们失掉了奋进的动力，也失掉了生之情趣，以致发展出一种拖延症，或者陷入其他类型的自虐与放任之间的挣扎。

这个空间是个人化的，其中包含许多本能的、人性负面的、孩子气的需求，如果公之于众，一定会招致批评与指责。但成熟而独立的人会预判并且抵御这些批评、指责的声音，暗自保留这个隐密空间，并尽力去满足这些看起来属于低层次的需求。

当这些需求是被允许的，并且得到适当的满足，这个空间就会给人带来滋养、培育，让人产生丰沛的动力和不竭的创造力。

南樵：因为排斥这个隐秘的空间，人们让自己陷入各样的症状。

1167. 养育孩子就是为他在世界上生活做好预备，这预备包括：基本的价值观、起码的善意、成熟的心智、求生的意志，以及对其发展有所助益的物质条件和社会资源。

南樵：好的养育就是把预备好了的孩子送到世界上去。

1168. 你将在相当长的时间里经历一场无法预测的战斗：

让你生命中强求的部分减弱，让你生命中自然的部分增强。

如果你被打垮了，那是强求打垮了你；

如果你得了拯救，那是自然拯救了你。

南樵：直面医者谈话有一个核心主题：强求与自然。

1169. 因为从小到大经历了太多的文化入侵（包括亲人的强求），他的自我做了大量的妥协。后来他发展出一种症状：害怕不好的念头对大脑的入侵。他如此害怕，因为他不知道缘由。

南樵：症状的根源是：大量的文化入侵和不断的文化妥协。

1170. 求完美者有太强的比较心，他注目于别人身上迷人的亮点，而忽略自身自然的光亮。然后他让自己变得黯然神伤，连自然的光亮也发不出来了。

南樵：因为有太强的比较心，人失掉了自己，而且常常是在他建立的许多条件中失掉了自己。

1171. 以下三条是一个孩子成长的资源，也是他疗愈的条件：

一、在成长的每一个阶段，他都有要好的朋友；

二、父母对他一直有情感上的理解与回应；

三、他喜欢读书，在功课之外有广泛的阅读，尤其是文学、哲学等。

上述三条俱备，生命自然蓬勃；

上述三条中仅具其一，便有了成长的空间，也有了一个疗愈的条件；

上述三条中一条都没有，成长很难，致病很易，且疗愈难以发生。

南樵：直面医者在症状里看到了相反的情况：一、他从小到大没有玩伴，几乎是一个人独自走来，缺失了与人交往的经验；二、父母与他关系不畅，边界不清，导致他不能通情而达理；三、单一学习功课，导致心灵资源过于贫乏，导致动力缺失，不能渐行渐远。

1172. 允许自己跟别人不一样，然后才会安然于跟别人一样。

相反则麻烦。

南樵：症状便是相反的情况：不允许自己跟别人不一样，因而不能安然于跟别人一样。

1173. 人生并不只是一直向高处飞、跟别人比到底谁会更优秀。

人生也可以是一路在低处走，感受自己的生命有多踏实。

南樵：症状出于前者，疗愈来自后者。

1174. 一个最不能确认自己的人，可能是最固执的人；

一个别人眼中最好的人，可能是内心最苦的人；

一个在世界上最成功的人，可能是受伤最深的人。

如果你只看事情的表面，可能什么也看不明白。

南樵：当一个人成熟了，他便了解有关人的一个大致情况：他呈现的样子，不一定就是他真实的样子；而他真实的样子，包括他呈现的样子和没有呈现的样子。

1175. 直面心理学讲穿越，也讲超越。

但相信：一个人有了大量穿越的经验，他才能超越到一定的境界。

不然的话，超越就成了虚妄，因为它不真。

凡事没有基础，便不真实。

南樵：直面医者看到，在心理学的领域里，有许多走向虚妄的人。

1176. 在自然之美那里有许多快乐的人；

在完美之美那里有许多愁苦的人。

世界对此很惊讶。

南樵：自然生自在，完美生强迫。

1177. 因为幼稚，所以自恋；

因为自恋，所以自囿；

因为自囿，所以自迷；

因为自恋、自囿、自迷，所以看不清自己，也看不清别人；

因为看不清自己与别人，就停留在事物的表面，不及本质，就停留在关系的表面，不得满足。

南樵：直面医者探看心理困难，发现了它的一个实质叫幼稚。

1178. 活得太美了，而不真；

活得太好了，而不真；

活得太得体了，而不真；

活得太圆滑了，而不真。

这个世界追求前一半，

直面医者关心后一半。

南樵：更重要的不是好不好，而是真不真——好而不真有压抑，真而不好有成长，真而且好为成熟。

1179. 问题不在你的孩子是好是坏，而在于他是一个小孩子——他的好与坏，皆是一个小孩子的好与坏，亦即，他可以好，可以坏。

当一个孩子可以好也可以坏，他就会尽力长得好一些。

南樵：在面谈室里，时而有这样一种对照：父母关心的是让孩子快快变好，而直面医者关心的是孩子要慢慢长大。

1180. 或问："心理症状有什么特征？"

我答："自然太少，强求太多；真实太少，防御太多。"

又问："何以如此？"

我答："前者出于不当的欲望，后者因为过度的恐惧。"

南樵：直面心理学对症状的基本理解：内部有过多的恐惧，外面有过多的防御。

1181. 孩子生气，父母说孩子是小气鬼；

孩子不敢生气，父母又责怪孩子生闷气。

生气不可以，生闷气也不可以，孩子就只好生病。

南樵：许多父母来问直面医者：我的孩子怎么病了？直面医者发现，他们是真的不知道背后的原因，而这原因跟他们相关。

1182. 因为过去有隐伤，所以现在会隐身。

南樵：直面医者遇到一个青年，他不敢呈现真实的自己，原来在暗中一直有过去的伤在对他说话，让他当心在关系中再次受伤。

1183. 在阳光灿烂的日子，院子好大；

在天气阴沉的日子，院子好小。

南樵：这一天，直面医者坐在自家的院子里，发现空间不是客观的、物理的，而是情感的、心理的。

1184. 我们本是在难受中长大，长大了也不能免于难受。

南樵：许多人对直面医者说：我难受。直面医者说：你可以难受。

1185. 父母向孩子关闭了耳朵，

孩子向父母关闭了心门。

父母使用嘴巴越多，

孩子心门关得越紧。

南樵：直面医者讲简朴的道理。

1186. 我对你的敏感保持敏感，因为我知道你的敏感背后有未愈的伤。

南樵：直面医者保持着一种文化的敏感，特别是对文化中那受伤的部分。

1187. 我看到许多有能力的人，我也看到许多没有能力感的人。

有能力的人不一定有能力感。

让一个人真正做决定的常常不是能力，而是能力感，亦即，他不仅有能力，还确认自己是有能力的人。

南樵：直面医者发现：养育者的问题在于，培育了孩子的能力，却削弱了孩子的能力感。

1188. 每一个孩子生下来时，他的心灵都长着翅膀。他在成长的过程中会遇到一个个人，他们一边手拿剪刀来剪他的翅膀，一边对他说："乖，这是为了你好！"

南樵：直面医者见人就问：你是剪孩子翅膀的人吗？

1189. 为了获得利益，他什么都会做；

为了不失掉利益，他也什么都会做。

这样的人，叫苟活主义者，就是只看重活着、只追求活着的条件的人。

南樵：我们的文化里滋生了许多苟活主义者，但缺少存在主义者。前者以活着为意义，后者追求活着的意义。

1190. 一个病人常常会听信于另一个病人，更会听信于一个装成医生的病人，却逃离一个真正的医者。

南樵：直面医者，门可罗雀。

1191. 你无法唤醒一个假装睡着的人，你也难以治愈一个赖在病中的人，因为他在现实中没有满足，就让自己生病以求安慰。

治疗本来是让一个人从病走回现实，但他不愿意。

南樵：不要以为直面医者可以治愈所有的人，他只能治愈愿意被治愈的人。

1192. 这就是你受牵制的原因：别人是基于自己的情况做决定，你是基于别人的决定做反应。

南樵：要成为自己，必须基于自己。

1193. 特别要留意自己受伤的地方，那伤里可能隐藏着一条蛇，随时会窜出来伤己伤人。

南樵：直面医者把自己称为疗伤者，看到许多“受伤者伤人又伤己”的情况。

1194. 她已经与人结伴，开始了一场新的旅行。

你还在从前与她相遇的地方流连，反复思忆到底是怎样错失了对方，并独自舔自己的伤。

南樵：直面医者在旅途中遇到一个青年，见那青年神情低落，便坐下来跟他谈话。从头到尾都是这样：那青年一边交谈，一边不时舔伤。

1195. 先去恋爱吧，不要用“共度一生”强求自己和强求别人。

你最终只会跟合适的人共度一生，而你不会一下子就遇到那个合适的人。

南樵：在直面医者的眼里，恋爱也是自然。

1196. 把人生中不必要的东西删除掉，生活就会呈现非同一般的样子。

南樵：不必要的是不自然的，自然的是非同一般的。

1197. 被受伤的情绪所控制，便是你不断受伤的原因。

南樵：旧伤未愈，又添新伤，一个人就一直在受伤之中。

1198. 一个自以为是的人很难从心理咨询得益，因为他什么都知道。但很有可能他什么都不知道。

南樵：直面医者感慨：对于一个什么都知道的人，你怎么帮助他呢？什么都知道，其实是一种防御。

1199. “第一”如毒药，尝过之后会中毒，让一个人为了争取第一与维持第一付出惨重的代价：失掉自然天性中最美的恩赐。

南樵：“第一”是强求，自然有解药。

1200. 在你最得益的地方可能有一个陷阱，当你跌入其中，你要奋力许久，还不知道能不能从中爬出来。

南樵：直面医者说：症状往往在你最得益的地方下套，就如同人类在最容易获取食物的地方安放一个捕鼠器。

1201. 如果你能把什么都做好，你可能不知道自己该做什么好。

南樵：直面医者提醒：把什么都能做好的人，会忽略自己真正的需求。

1202. 被别人的光亮眩了眼目，

因为总盯着别人的光亮。

南樵：求完美者看不见自己。

1203. 有聪明的头脑，却没有确认的自我，症状迟早会找上门来。

南樵：症状不在乎你的头脑是否聪明，而在乎你的自我是否鲜明。

1204. 看到更远，方得先机。

南樵：这便是人们所说的远见——因为先看见，所以先知道，所以先得到。

1205. 因为我们有过度的恐惧，

我们才追求绝对的安全，

我们放弃了适当的冒险，

我们失掉了成长的机会。

南樵：直面医者提醒：成长是一种冒险。

1206. 当恐惧成了过度的，

它才成为不好的。

恐惧本身不是症状，

症状来自过度的恐惧。

南樵：直面医者论症状：恐惧是健康人性的一部分，但过度的恐惧让人走向症状。

1207. “万一”是恐惧的代言人，是症状的辩护者。

南樵：在直面医者的治疗中，时时听到来访者说“万一”。直面医者说：“万一”是世界的常态，我们无处可逃。

1208. 人性有一个很大的盲点：逃避常常比直面更累，人们却依然选择逃避。

南樵：直面医者走到人们逃避的地方，劝导人们选择直面。他工作了很久，应者寥寥。

1209. 你的问题不在没有钱，而在不成熟。

南樵：直面医者有时出言直白。

1210. 当你利用症状去回避生活，你同时让自己成了潜意识利用的工具。

南樵：症状背后有一个遥控者，它的名字叫潜意识。

1211. 好的东西，要一点点培育；

不好的东西，要一点一点消解。

培育与消解，皆自然而然，不露痕迹，即为境界。

南樵：直面医者的治疗，是境界的治疗。

1212. 你可以去做，也可以不去做，但不必找一个理由让自己既不去做，又可以逃避不去做的后果。

南樵：直面医者呵呵笑了：既不去做了，又像做了。

1213. 如果没有反思与成长，所有优秀的条件不过是殉葬品。

南樵：直面医者想看到的不是条件，而是成长。

1214. 当我说一样东西不好，不是说它全部不好，而是说它过度的部分不好。

南樵：直面医者说的。

1215. 别人伤害了我们，我们不能说自己不够坚强，那样只会招致更多的伤害。

南樵：直面医者很惊讶，竟然有人说：别人能够伤害我们，是因为我们不够坚强。

1216. 有父母问："如何让孩子自信？"

我回答："一、给他爱；二、给他欣赏；三、给他充分的时间玩耍。"

南樵：这三样，足够了。

1217. 一个咨询师从所有的来访者身上采撷花粉，再为每一个来访者酿造蜂蜜。

南樵：咨询师是这样产生的，咨询师是这样工作的。

1218. 种一颗意识的种子，它会自己长大，它会发生转化。

南樵：直面医者的治疗，用一个核心的词汇来描述：播种。

1219. 心放在哪里，哪里就好；

钱花在哪里，哪里就好。

南樵：在直面医者看来，人生要做好两件事：用心与用钱。

1220. 直面，就是走进一个不确定的世界。

南樵：直面医者在一个不确定的世界里工作，接待来自不确定的世界的人，他们的基本困难是：不想走进一个不确定的世界。

1221. 选择的能力，来自犯错误的勇气。

南樵：惊叹！

1222. 培育的意思是：

不是强求，而是自然；

不是责备，而是欣赏。

南樵：强求生症状，自然即成长。

1223. 一个人在逃避途中，遇到了另一个逃避者，遂与之结成逃避者同盟，一起躲进了一个山洞。

他们如此熟悉而亲密，难分难离。陆续还有新来者加入同盟，让他们各自分离就难乎其难了。

南樵：直面医者给这个山洞起一个名字：症状。

1224. 为了消化文化，我们需要两个胃：一个是坚强的胃，一个是高级的胃。前者让我们消化坚硬的食物，后者让我们选择优质的食物。

南樵：经历人生艰难，坚持过高品质的生活。

1225. 命运即选择，除了那些我们无法选择的遭遇。

悲惨的命运常常是这样造成的：在人生关键的地方做错了选择，在本该选择的时候不做选择。

南樵：这不是在责怪人，而是在强调选择。

1226. 不反抗的人活在放弃里，反抗的人活在希望里，反抗而又回头的人，活在症状里。

南樵：从价值的角度来看，希望第一，症状第二，放弃第三。

1227. 如存依赖心，终将被抛弃。

南樵：关系中的伤害常缘于此。

1228. 我与他们有什么不同？

他们有令人羡慕的条件，我有可以信赖的本真。

南樵：人类的麻烦常常是：获得了外在的条件，失掉了内在的本质。

1229. 享受自己的光亮，欣赏别人的光亮，而不比较；

接受自己的阴影，理解别人的阴影，而不排斥。

南樵：人类的智慧，在光亮与阴影之间。

1230. 心理咨询从这里出发：

万事皆有因，无事没来由。

南樵：见果而不能推导所种之因，种因而不能预测所结之果，便是人类基本的盲目。

1231. 一个女子一直依赖父母，无法独立应对自己的生活。

她来向我求助，我给她做了一个假设：

“在你父母活着的时候，你假设他们已经死了。

当有一天你的父母真的死了，那时候你就可以自己活了。”

她又问：“我怎么做呢？”

我回答：“就像你父母已经死了一样去活。”

南樵：在情感上假设父母永远活着，在做事上假设父母早已死了。这是直面医者的不忍之喻。

1232. 妈妈说：“为什么我都能想到，你就想不到呢？脑子太笨了。”

爸爸说：“为什么我都能做到，你就做不到呢？能力太差了。”

孩子眼望父母，嘴里说不出话来。

父母一起对孩子说：“我们都在跟你说话呢，为什么你就是不说话？”

孩子从父母身边走开了，从此不说一句话。

南樵：直面医者常听一些父母说：我们的孩子不肯跟我们说话。直面医者问：你们平常怎样跟孩子说话？

1233. 一个人很惶惑，说她内心里常常有两个声音在吵架：一正一反。

我后来发现，那是她爸她妈同时在她里面活——不管她内心有一个什么想法，她爸同意，她妈就不同意，正好一正一反。

到了面谈室里跟我谈话，对我说的任何一句话，她都会反着说，也是一正一反。

在她从小长大的现实里，她爸她妈似乎永远都在那里吵架，她看到的全是一正一反。

当她长大成人后，她内心就一直有两个念头在那里吵架，她很惶惑：“怎么一正一反？”

南樵：直面医者遇到许多在一正一反中挣扎的人——因为不明来由，所以一直挣扎。

1234. 有人问我疗愈的秘密，我说：

“哦，那很简单。

不给他一个焦点让他借以盘旋，

不给他一个推力让他借以反弹。”

南樵：症状里有一种盲力，总在寻找一个点或一种力，形成不断重复的盘旋与反弹。

1235. 跟人相处，如果我们不允许自己欠别人一点，也不甘愿别人欠我们一点，那怎么跟别人建立关系呢？

南樵：彼此有所欠，才会有关联。彼此无所欠，各自不相关。

1236. 我终于明白他为什么不顾一切追求知识，想让自己成为一个全知者。

因为他一路成长过来全部都在学功课，成了一个“学霸”，而对人生几乎全无经验。

他求知的目的，是想以知识代替经验。

南樵：求知本是一种追求，却也可能成为一条回避的路。

1237. 真是一个傻孩子，为了防御而不停说话，好像是一个演讲家。

南樵：防御者对别人关注太多，对自己无所用心。

1238. 过去被你压抑下去的东西，虽然时过境迁了，它们还是冒出来了。

你已经认不出它们了，因为时间给它们化了妆，不再是原生的了。

我称它们为症状。

南樵：所谓症状，不是你现在看到的样子，而是化了妆的过去造访，而你认不出它来。它脸上有诡秘的笑，它熟悉你的一切，而你似乎对它一无所知。你抓了一把药来吃，却更加认不出它来了。

1239. 你的孩子为什么如此迷恋阴影以致选择了症状？

因为他过去被灌输了太多的正能量，完全不知道人性与世界有阴影。

他迷恋自己感到陌生的东西，因为阴影太新奇了。

南樵：直面医者说：我最担心的是那些天真的、充满正能量的父母，他们把人性与人生合理的阴影都给孩子屏蔽掉了，孩子在被愚弄的状态里成长过来。这些被过滤的正能量就如同一层雾一样，遮蔽了孩子心灵的眼睛，使他们看不清世界、看不清他人、看不清自己。

1240. 人生即选择。但头脑中的顾虑如士兵，攻占了生活中每一个选择的机会。在人生没有选择的时候，就只能选择症状。

南樵：有一个来访者声称她有抑郁症，直面医者检测她的头脑，发现在里面驻扎着无数的顾虑。

1241. 走一步便想确保下面的每一步，最后就只能在头脑中活。

走一步是一步，才一步一步走出成熟的人生。

南樵：世界本是不确定的，但确定感是一步一步走出来的。

1242. 并不是成功了、有钱了，人才自信，而是知道自己是谁，有了自己的目标，人即自信。

南樵：自信的根基是知道自己是谁。

1243. 抑郁症含有一种真切的预感：我将崩塌。

因为失掉了本真，一切的装扮都将没用。

南樵：人们总说“症”，直面医者说“症”之本质。

1244. 一个可怕的发现：原来在对方的眼睛中，彼此都是一个想当然。

南樵：幻灭时刻！

1245. 症状的本质是不得体，如同物品放错了位置。

所谓病人，就是把思想、情感、行为放到了不适当之处的人。

南樵：在英文中，症状叫 disorder，即错置。

1246. 别人对我不好，我都能忍；

别人对我好，我也没什么反应。

有了机会，我怀疑自己不行；

失掉了机会，我说果然我不行。

南樵：那么，生活就成了持续的忍受，直到自己没有了感受。因为认为自己不行，所有的机会都转头走开了。

1247. 世界充满不确定，哪里只能靠爸爸？

人生随时有不测，还不快快长大！

南樵：直面医者说：我的孩子，快快长大。

1248. 哪里有什么心理症状？

只不过是从小玩得太少了。

哪里有什么心理治疗？

只不过是一种补玩的方式。

二十年来，我跟来访者一起玩，又劝诱他们去跟别人一起玩。

我有一个简单的信念：玩多了，玩高兴了，什么病都没有了。

南樵：这是直面医者吗？竟有一套玩的心理学。

1249. 不求最好，就好了；
不再装好，就真了；
不与人比较，就自在了；
不强求自己，就自然了。
南樵：好而且真，自在又自然。

1250. 一张一弛，方可渐行渐远。
既能自然勤勉，又有自主空间，才会动力澎湃。
一味强求自己的人，把潜能都逼走了，症状取而代之。
南樵：直面医者掊强求而张自然。

1251. 对你有所图，便对你友善；
对你无所求，便对你漠然。
我心呼唤自然的友善，
我以友善之行为换来友善。
南樵：友善非为逐利，友善出乎自然。

1252. 来访者问："我长得漂亮吗？"
我答："你长得漂亮。"
来访者又问："我对男生没有吸引力吗？"
我答："你一定有。"
来访者流泪："那为什么至今我身边没有一个男朋友？"
这时轮到我问来访者：
"第一，你有心于人吗？
第二，你投身于关系吗？

第三，你会跟人聊天，做有趣的恋人吗？

第四，你的情感与你的身体一同长大了吗？”

来访者不发一语，陷入沉思中。

南樵：你问我答，我问你思。

1253. 父母过于保护自己的孩子，等于向孩子传递一个信息：你是不行的。

孩子接到父母的这个信息，会遵照执行，基本无误。

南樵：父母从小对孩子说：你是不行的，孩子一生对自己说：我是不行的。

1254. 或问：“我怎样才能跟人建立关系？”

我答：“能倾听人，能体谅人，能真诚待人，能助人时且助人。”

南樵：是为能人！

1255. 或问：“我怎样在一个严酷的环境里生存而发展？”

我答：“让支持你的人不会失望，愿意继续支持；对加害你的人以直相报，不敢轻易加害。”

南樵：创造一个清静的环境，让自己雷厉风行。

1256. 自主者基于自己的需求做决定，依赖者基于别人的反应做决定。

南樵：筑舍道旁，三年不成，乃没有自我者之作为。

1257. 人生做好这两点很重要：

第一，不把精力耗在跟人比较和胜过别人上面，而放在你要做什么和成为什么上面；

第二，分清什么是与你有关的、什么是与你无关的，不在与你无关的事上胡乱用力。

南樵：除了我们消耗掉的东西，我们的人生还剩下什么？

1258. 一个真正的学习者是这样的：

他不是为了某个单一的目标而来，还会被随时遇到的东西所吸引；

他不只是寻找自己想要的，还会大量吸收自己能要的；

他不是沿着一条熟悉的路行走，还会探索整个这片陌生的土地。

南樵：一个咨询师是一个永远的学习者，他的目标是成为直面医者。

1259. 在他们眼中我是幼稚的，但我不愿意像他们那样成熟。

南樵：他们认为的幼稚实为本真，他们追慕的成熟乃是怯懦。

1260. 为什么一个单纯的人成了疗愈者？

因为有许多人也想这样单纯却不敢，不想那样复杂却不甘。

直面的治疗就是帮助人归向心灵的单纯。

南樵：单纯者走一条直面的路，径行直入；复杂者常常绕道而行，耗费心神。

1261. 做成一件事，

乐在其中焉，

情在其中焉，

用在其中焉。

斯足矣！

南樵：人生如此短暂，常常不够做成一件事。

1262. 有水平的人才能看出别人有水平，没水平的人只以为自己有水平。

南樵：直面医者叹曰：也只有惺惺惜惺惺，英雄惜英雄。

1263. 如果从心灵的质量来看，人类的文化生态正在经历从优胜劣汰到优汰劣胜的转换。

优秀者纷纷退场，苟活者代代相传。

南樵：心灵品质与生活条件永远在对话，却似乎永远都无法达成一致。最好的文化生态是保护心灵和培育心灵的品质。

1264. 一个人问我："什么叫决断的能力？"

我回答："就是花钱的能力。"

南樵：没有决断力的人，也没有花钱的能力。

1265. 一个人苛求自己完美，并对世界的不完美十分厌烦，往往是因为他自幼生活在一个让他感到很烦的环境，没有发展出适当的安全感和足够的信任感。

南樵：凑近看一看：在我们的"烦"背后有什么？

1266. 做皇帝和长寿是根植于我们民族心理最深层面的欲求，需要永远提醒、永远批评，才可能削弱其潜意识中强劲的力量。

我们要培育的心理是喜欢民主，而不是喜欢权力；在意活的质量，而不是宁愿苟活。

南樵：到处是大大小小的皇帝，到处是养生长寿之风。这是生存主义，不是存在主义。生存主义关心活着的条件，存在主义关心活着的意义。

1267. 我们不是创造，而是领取。

本来属于我们的东西，就贮存在一个地方。

知道的人前去领取，他们被称为创造者。

不知道的人在四处游荡，那本来属于他们的东西就一直放在那个地方，无人认领。

南樵：人生只需要做两件事：一、确认属于我们的东西；二、认领属于我们的东西。

1268. 因为在现实中无路可走，他选择走一条超绝人类的路——追求完美。

他本以为这条路可以通神，却不知道这条路会致病。

南樵：想成为神的人，最终成了病人。

1269. 咨询之后，我成了大智者，你成了大赢家。

南樵：那一个个来访者把人生真相带给直面医者，让他成了大智者；他们又分别从直面医者的智慧中充分得益，让自己成了大赢家。

1270. 一个女子对我说：

"我妈一直在等待死亡到来，等待耶稣第二次到来。她对丈夫和女儿都不投身，她说要投身于上帝。我问她：'你不投身于人，我怎么相信你会投身于上帝？'"

又说：

"我妈跳出世界的规则之外，去遵从一套可望不可即的规则。我问她：'你根本不在乎世界的规则，我怎么能相信你会遵从上帝的规则呢？'"

我对这个女子说：

"首先是一个人，然后才是一个基督徒。"

南樵：相反则不行。如果首先是一个基督徒，就不知道人还在不在那里。

1271. 如果你的孩子太幼稚，你得反思你养育孩子是否有这两种情况：

一、在某些方面过度强求孩子，如强求孩子听话、强逼孩子只学功课；

二、在另一些方面过度保护孩子，如代替孩子做他力所能及的事、限制孩子与同伴玩耍。

1272. 因为太好了，所以太累；
因为太高了，所以太害怕；
因为太单一了，所以太无趣；
因为太洁白了，所以躲起来。
躲在哪里？躲在病中。

南樵：症状集中反映了一个人对自己和对世界的感受：太累了，太害怕，太无趣，太脏。他不得不躲起来。但他同时也知道：躲起来也没用。因此躲得也不安心。

1273. 当你直面一样东西，这样东西便放下你走了；
当你逃避一样东西，这样东西就盯着你不放。

南樵：直面心理学的基本发现！

1274. 有了大格局，精神便自由了；
精神自由了，便有了大格局。

南樵：格局是一种精神层面——层面有大有小、有高有低。

1275. 你走出妈妈的土地，
结识一个又一个女性，
她们都有妈妈的影子，
但没有一个是你的妈妈。

南樵：妈妈是生命的原土，成长是生命的拓疆。

1276. 当你在某些方面过度敏感，

你会在另一些方面过度迟钝。

症状是过度敏感与过度迟钝的结合体。

南樵：生命是什么都有，症状是凡事过度。

1277. 直面会一时不舒服，

逃避会一直不舒服。

南樵：直面与逃避，区别在于此。

1278. 时有觉察，就像织布。

南樵：织出一个觉察的人生。

1279. 当心灵点亮了一盏灯，每一句话都说到了点子上。

南樵：直面医者在来访者身上看到的情形。

1280. 家庭出问题了，

教育出问题了，

文化出问题了，

个人出问题了，

国民出问题了，

国家出问题了，

一个咨询师的眼睛看到了。

南樵：直面医者在一个一个来访的个体身上，看到一种普遍的真相：因为不自信，所以才专制。

1281. 你不缺乏知识、思考、表达能力，但是有一样东西在暗中阻碍你，它叫面子。

当你突破了面子，你便通畅、自在、满足。

南樵：直面医者在我们的文化里看到两种损害：一个是面子，一个是专制。

1282. 从医院回来的路上，我内心颇有感慨："我的牙不好，这本是一种不幸，但遇到虞晓东牙医，却成了一种幸运。"

随即想起我的来访者对我说的话："我出现心理困难，这本是一种不幸，但遇见了你，就把不幸转化成了幸运。"

我方明白，真正的医者，便是与人一起工作，把不幸转化成幸运的人。

南樵：在直面医者眼中，疗愈无处不在。

1283. 天真而俗气的父母，自幼在孩子内心里种下一颗俗的种子。

孩子长大后会陷入一场长期的挣扎，他难以出于本心去选择自然的好，因为他无法摆脱深植于心的俗。

南樵：什么叫天真而俗气？简单说来，就是随波逐流，就是人云亦云。

1284. 当你把一件事情解析清楚了，你便从那件事情里脱身了。

南樵：解析是一条通向自由的路。

1285. 人类真正要学习的是对自己好，因为对自己好才会对别人好。

症状就是对自己不好，因此也不能对别人好。

症状背后的根源常常是：因为别人对我不好，所以我对自己不好。

南樵：直面医者的疗愈从这里开始：哪怕别人对我不好，至少我可以对自己好。

1286. 我遇到一群欲求极高、自我却太弱的孩子，

一问才知道：原来他们是狼养大的一代人。

南樵：父母为狼，孩子为羊。父母在社会上一路拼杀过来，受了苦、受了伤，经历了人生的阴暗与凶险，就不想让孩子受苦、受伤，便用自己创造出来的条件，把孩子保护起来，不让孩子经风雨、见世面，把孩子养成了柔弱的羊。

1287. 父母切不要向孩子吐苦水。

心灵在苦水中泡大的孩子在长大之后不会自主选择过幸福的生活，而会无意识选择某种症状来自虐。

南樵：一位来访者的母亲看到这句话，连连点头说：我知道了，我一定改！

1288. 有一个人，因为太优秀，便病了。

又因为太优秀，绝不肯接受心理的帮助，便病而难愈了。

从小到大，她一直都优秀，因而她的人生一路绿灯。

靠着优秀，她获得别人的赞赏，得到一个个特别的机会。

她的人生信条是：只要优秀，便可以得到一切。

她所有的生活只要做一件事：让自己优秀于所有人。但她同时又非常害怕自己会因不优秀而失掉一切。

她太累了，终于病了，病于抑郁。

她病而难愈是因为她内心有一种骄傲："我这么优秀，谁能医治我呢？"还有，她一直靠优秀获得一切，怎么可能花钱、花时间接受治疗呢？

谁也不会想到，优秀竟然成了她的枷锁，而对她来说，让心灵得释放的一条路便是：让自己学会付出。

南樵：直面医者在她的"病"里看到两样东西：一是骄傲，一是不肯付出。因此可以说，不是"人"病了，而是"人的态度"病了。这"态

度”不是书本上读到的，而是人生中长出来的。

1289. 因为害怕，我们要求安全；为了成长，我们必须冒险。

追求绝对安全而放弃任何冒险者，最终得到的不是成长，而是症状。

南樵：安全与冒险，是成长进程中的两大议题。它们之间会有辩论，但也不断达成和解。不是非此即彼，而是兼而有之。

1290. 完美的魅力是给人安慰，完美的实质是让人受苦。

完美主义的背后跟随着无数求安慰和受苦的信众。

南樵：追求完美的结果有二：一、长不大；二、苦海无边。

1291. 充分玩耍，不会变傻。

南樵：从不玩耍，后果如下：一、人变得无趣；二、觉得生活也无趣；三、活得像是一场劳役；四、渐渐失掉了动力。

1292. 以前说许多，你一点不通；

现在说一点，你全都通了。

南樵：这是在辅导过程中时而发生的情况：从一点不通，到一点即通。

1293. 你选择来跟我谈话，这对你、对我会有不同的意味：

对我来说是一个荣幸，因为我得到了你的信任；

对你来说是一种幸运，因为你的命运发生了改变。

南樵：直面医者把自己的工作看作对方给予的一种荣幸，而他的目标是让一种幸运在对方的生命中发生。

1294. 人是在生活中混出来的。

只学课本而不混生活，便困住了，出不来。

直面的疗愈之道很简单，便是与人一起混。

南樵："混"就是参与，就是浸泡，就是在关系中充分自由又学习边界。

1295. 人们很惊讶地看到，直面医者有时竟是单纯的、避世的——他时而住在一个山洞里，这山洞的名字竟是"直面"，要找到他还要走很长的曲折山路，他自己也是走了很远的路才走到这里。

南樵：直面里有躲避，躲避里有直面，但本质是直面，整体也是直面。

1296. 如果没有出口，怎么得到释放?

如果没有释放，怎么得到解脱?

南樵：症状是没有了出口，疗愈是找到了出口。

1297. 你是一个好深的奥秘，你自己一点点把它解开。

南樵：人是一个需要发现的奥秘，不是一个需要解决的问题。

1298. 人性有一个特点：明明看见了好，却不肯径直走向好，总要绕路去受一些苦，然后才回头来追赶好，也不知道最终能否赶得上好。

南樵：人性是很有趣的，不相信最简单的真相，却又盲信最简单的装扮。

1299. 症状里隐藏着一种俗气，在暗中杀灭人性的本真。

南樵：这俗在幼年就已经种下了，在成长中一路从文化中吸收养分，变得根深蒂固。

1300. 为了找到一个人可以依靠，她遇到了一个操纵她的人。

她在关系中获得了条件，又在关系中失掉了自我。

南樵：关系之一种。

1301. 有一种不必要的苦：外面迎合别人，内部苦待自己。

南樵：在我们的文化里，有许多人正受着这样的苦。

1302. 如果你对人有不适当的期待，你一定会陷入关系的麻烦，叫受伤；

如果你对人毫无期待，你一定会陷入自我的麻烦，叫封闭。

南樵：前者是一种幼稚，把他人当父母；后者是一种赌气，把自己当小孩。

1303. 难道冲动就是不成熟吗？

那我就不成熟得了。

但失掉了冲动是什么？

一定不是成熟。

南樵：文化中有一把暗刀，在阉割人性里的冲动。最可悲的是，受教育成了受阉割，让我们的孩子拥有了书本的知识，却失掉了生命的冲动。

1304. 单一是只见表象，时常目迷神离；

单纯是融通本质，故能化繁为简。

南樵：有这样一种现实是：单一的人越来越多，单纯的人越来越少。

1305. 因为现实里没有经验，所以头脑里欲求太高。

南樵：直面医者重经验：从生命经验里长出来的东西最靠谱。成熟就是从经验里长出来的靠谱。因为缺乏经验，所以人不靠谱。

1306. 看清人间事，走通直面路。

南樵：直面医者对直面心理学一言以蔽之。

1307. 儿子对爸爸说："不要再说了……"

爸爸立刻停止，再重要的事也不说出来。

原来，在养育上有一条通向智慧的路，叫止语。

南樵：止语，让父母有智慧，有孩子有空间。

1308. 儿子在世界上受伤了，妈妈的眼睛一下子睁开了；

儿子从世界退回家中，妈妈从家里看外面的世界；

儿子的心灵疗愈了，因为妈妈有了一双新的眼睛。

南樵：孩子有了心理障碍，父母有了成长契机。

1309. 不是不相信，而是受伤了。

南樵：伤害里长出一双怀疑一切的眼睛。

1310. 被控制者永远受限，成了"我病故我在"。

南樵：直面医者看到，有一种伤害对人控制太深了，以至于生命中某些部分似乎永远关闭了，"病"作为一种受限的状态一直伴随。

1311. 症状的诱惑是：只有最好才快乐，如果不是便没劲。

南樵：在有些人那里，"最好"如同一种毒瘾，没有它的刺激，人生就提不起劲来。

1312. 我暗自惊讶：

一群最胆小的人，做了最大胆的事；

一群最害怕别人评价的人，做了常人无法评价的事。

南樵：比如，发展出一种症状，一辈子呆在家里，这事一般人谁敢做？

1313. 有了天分，加上真诚；

有了规则，加上人情。

南樵：加之则全，不加则缺。

1314. 有一个女子，她什么都有，所有的人都羡慕她。

但所有的人都有的一样东西她没有：她不会伤心。

南樵：你可以没有许多，但你不能少了“伤心”。因为，有心可伤，为人性之要。

1315. 以前他不说话，我便说话；

现在他有话说，我便倾听。

南樵：对于直面医者来说，“我说”培育，“我听”也是培育。

1316. 如果现在有人问我：“什么叫痛苦？”

我的回答是：“牙痛。”

如果现在有人问我：“什么叫幸福？”

我的回答是：“不牙痛便是幸福。”

虞晓东牙医帮我把痛苦解除，把幸福带来。

说来好奇怪，他在我的一颗牙齿上钻了一个深洞，这本来是一件让人痛苦的方式，带来的结果竟然是幸福。

我遂生感慨：“直面会有痛苦，带来的结果却是成长。诸理皆通啊。”

南樵：直面医者之感慨，人生处处皆存在。

1317. 有的时候，以为后面还有更好的，眼前的一个也不要；

没有的时候，以为自己好可怜，想嫁给谁谁都不会要。

一个求完美的人最后会放弃，因为她不知道自己想要什么人。

南樵：那么想嫁人，不是无人可嫁，而是不知道该嫁谁。

1318. 我奉此为座右铭：

一心做自己的事，放下比较心；

一次做一件事，放下贪心。

南樵：收起“二心”，自由做事。

1319. 功课如盗贼，劫走了孩子的童年。留下一张勒索信：孩子的成绩单。

父母看见成绩单，万分欣喜交纳赎金，却不肯领回孩子的童年。

南樵：直面医者有一个悲惜，就是看到在成绩单中被葬送的童年。

1320. 我的一己之见：

做心理学，多学文学，可免于刻板；

做文学，多学心理学，以不至浅显。

两者都学好了，再多学哲学，使相得益彰。

南樵：一个直面、存在治疗师的基本学养。

1321. 不能只看见自己，还要看见对方；

不能只看见行为，还要看见动机。

南樵：有关系的交互，有观察的深度。

1322. 找到自己的方式，与你的心灵匹配。

如果二者不相匹配，心灵就要受苦。

南樵：人间最普遍的惨相：人们选择了与自己的心灵不相匹配的方式。

1323. 天资高，又心智成熟，便成了人类中自我实现的佼佼者；天资高，但心智不成熟，往往是带有自毁冲动的痛苦者；天资不高，但心智成熟，是生活中随处可见的幸福者；天资不高，心智也不成熟，便是人类中各种类型的失败者。

南樵：不是天资高低，而是成熟与否。

1324. 是什么在深处影响我们的选择？

一、我们在哪里有空缺；

二、我们对什么最熟悉。

南樵：空缺的地方有盲力，让人只求补偿而不能悬崖勒马；熟悉的东西有魅力，让人流连旧途而陷入沼泽之地。

1325. 问题就在这里：

你有那么高的欲望，却没有找到你的方式。

南樵：不怕你有多高的欲望，就怕你没有找到达到它的方式。

1326. 心理学的治疗不是窥探人的隐秘，而是让人更了解自己，从而过觉察的生活。

南樵：直面医者的兴趣不在对方的隐秘，而在对方的成长。

1327. 做得不当时，做得越多越麻烦；

做到恰当处，做得越少越自由。

南樵：在恰当里有自由。

1328. 你生活在世界，就看清这世界，

才存在于世，即存在，

才立身于世，即直面。

南樵：直面医者永远的关注：存在与直面。

1329. 直面不仅是一种人生态度，还是一种生活方式。

南樵：直面即生活。

1330. 越谈越相通，谈通即直面。

南樵：直面即关系。

1331. 人担心成为神经症者，也渴望成为神经症者。

当你了解人性这两面，你就不会成为神经症者。

南樵：当你了解人性这两面，你不但不会成为神经症者，还可能会成为直面疗愈者。

1332. 他是胆子最小的人，也是胆子最大的人。

说他胆子小，是因为他怕出来见人；

说他胆子大，是因为他竟敢躺在家里十年不出来见人。

南樵：原来症状并不是胆小，也不是胆大，而是不适当的胆小与不适当的胆大的混合。

1333. 妈妈的信任如一片土地，孩子在土地上奔跑。

如果妈妈的土地不大，孩子就跑得不远。

南樵：直面医者叹曰：我的妈妈是一片宽广的土地。

1334. 总想一鸣惊人，竟不能发一鸣。

南樵：不求一鸣惊人，只要时而发声。惊人之鸣不会一鸣即惊，会随多鸣而来。

1335. 我不求我的想法得你表扬，

我不怕我的想法受你批评。

我只要把我的想法说出来。

南樵：如果只求说出想法，那就不怕说出想法。

1336. 学习的父母，是孩子的祝福；

不学习的父母，是孩子的祸根。

南樵：原来，福祸在学习与不学习之间。

1337. 害怕本身不是问题，

承认自己害怕反而是一种勇敢。

南樵：否认害怕，害怕永驻。

1338. 父母对孩子最好的态度是：

我不管你会走到多远的地方去，只要你记得走回来的路；

我不管你在做什么，只要你知道自己在做什么。

南樵：最让父母放心、省心的方式，就是把孩子交给他自己。

1339. 少讨好别人，多讨好自己，

从最熟悉的地方出发。

南樵：一个人最熟悉自己，最知道自己喜欢什么，因而能恰到好处地讨好自己，结果让自己最高兴。

1340. 在这个世界上，一个人所能找到的最折磨自己、最抹杀自我的方式是：试图讨所有人喜欢。结果是：因为害怕所有人不喜欢，他逃离所有人，逃回家里，完全不在意父母喜欢不喜欢。

南樵：据说，布根塔尔临终的遗言中有一句对人类的告诫：对自己好一点！

1341. 读直面之书，赏直面之文，走直面之路，做直面之人。

南樵："直面同行者"微信群之宗旨！

1342. 诸多年来，看到太多被文化绑架的孩子，解救很难。

我常常提醒人们：这个绑架者的名字叫"应该"。

南樵："应该"，一个文化绑架者，在我们的文化里到处都有它的踪影。

1343. 欣赏者有一双真实的眼睛，

苛求者有一双完美的眼睛，

他们各自用这双眼睛看自己、看别人。

南樵：你期待别人用哪一双眼睛看你，你就用这双眼睛看自己、看别人。

1344. 我又看到一个孩子，

她那么优秀，却又那么痛苦，

因为她被一根很粗的绳索绑住了，

这根绳索是：我要让每个人喜欢我！

南樵：解开这根绳索，恢复自由之身。

1345. 穿过迷雾，他看见了他人，看见了一个清晰的世界，看见了自己，以及自己要走的一条路。

南樵：人生即是穿过一片又一片迷雾的旅行。

1346. 越有潜能的人，越能从直面心理分析得益，这就如同赫尔曼·黑塞接受荣格心理分析，从中得益无限。

南樵：经历深度分析的人，是活得觉察的人，也是活在深处的人。

1347. 塞利格曼试图用一个狗的实验来证明人性有一种回避的本能，叫习得性无助。其实人类可以用自身的整个历史证实人性还有一种直面的精神，叫反复性尝试，简直不屈不挠。

南樵：直面医者深深体察人性之逃避，直面医者永远提醒人们去直面。

1348. 我到这里，是一个事实；
你到这里，是一种可能。

南樵：人类诞生在不同的季节，行走在同样一条路上。

1349. 求完成，
而不是求完美。

南樵：不求完美，但求完成，此为人生一条通达路！

1350. 有个来访者对我说："我也不知道你有什么神奇的功夫。当初我来见你时，我的样子是灰头土脸，也想不起来你对我做了什么，追忆起来也不过是让我用手理理头发、扒拉扒拉脸。现在我对镜一看，竟看到一个眉清目秀的自己。"

南樵：后来，这位来访者意识到，她从直面医者那里学到了一种态度：一个人把生活中那些不必要的部分删掉，人生就立刻呈观一种清朗的、非同一般的模样。

1351. 如果你天资聪颖，你更要心智成熟。如果二者不相匹配，你将比天资一般者更加痛苦。

南樵：因为落差太大！

1352. 从麻烦的家庭出来的孩子，又回到家庭的麻烦中去了，好像那麻烦是一块磁铁；从顺遂的家庭里出来的孩子，便走到世界的顺遂中去了，好像那顺遂是一条道路。

南樵：你的孩子走到哪里去了？是走回了家，还是走向了世界？

1353. 那一个个来跟我谈话的孩子，他们的生命里有暗藏的宝贝。因为一直放在暗处，秘不示人，也便得不到他人的认可和欣赏。久而久之，他们也忘记了自己的宝贝，在生活中活得像一个个贫儿。

直到有一天他们与我相遇了。我便是那个开启者。在我的惊叹声中，那一个个孩子看见了自身的宝贝，确认了自己，有一种来自内心深处的自足与自信。

南樵：心理咨询是一种相遇，在生命最深处与人相遇。

1354. 家庭文化的局限表现在两点：一、局限孩子的能力；二、局限孩子的视野。

前者让孩子做不到，后者让孩子看不到。

南樵：因为做不到，又因为看不到，许多孩子就躲在病中。

1355. 症状是逃避的理由，成长是直面的决定。

南樵：直面心理学之核心话语。

1356. 心理咨询可以归结为一句话：提醒每一个人对自己好一点。

南樵：症状也可以用一句话来概括：对自己一点都不好！

1357. 自爱的人才会爱人。

南樵：“爱人如己”便是基于这个假定。

1358. 当你与他亲近，
就意味着，
连他身上的不好都一同亲近了；
当你与他告别，
也意味着，
连他身上的好也一同告别了。
南樵：跟一位来访者谈论爱情。

1359. 人生是根本的好而不是细节的好。
可惜的是，
有人为了细节的好而放弃了根本的好。
南樵：细节的好在眼前，根本的好在远处。为了细节的好而停了下来，就走不到根本的好那里去。

1360. 我只是跟他们不一样而已，
不一样并不是不好。
南樵：能够听懂孩子说的这句话，我们的文化就不一样了。

1361. 如果我们从自身出发，便会到达真实的自己。
许多人生的迷途者，是从别人那里出发的。
南樵：从自身出发，才能做成自己；从别人出发，做不成别人，也做不成自己。

1362. 在我们生活的地方，有鲜花，也有苍蝇。
你选择欣赏鲜花，而不是盯着苍蝇。

这是一种态度。

也有人选择必须欣赏每一朵鲜花，并要杀死每一只苍蝇。

这也是一种态度。

前一种态度叫自然，让人过满足的生活；

后一种态度叫强求，让人过焦虑的生活。

南樵：生活是自然，而不是强求。

1363. 如果有一条现实可行的经验之路，沿路可以享受关系的满足，谁愿意选择一条荒僻难走的超绝之径，让自己的心灵孤苦无依？

南樵：在一个踽踽独行者的身后，你看到一个缺乏经验与关系的背景。

1364. 父母养育孩子的麻烦常常是：既不能向孩子表达体谅，也不能对孩子实施规则。

南樵：说到底，这是因为父母害怕孩子。为什么害怕孩子？其实是不信任孩子。为什么不信任？其实是不理解孩子。

1365. 直面取向的心理咨询大概可以用两个词来形容：移去与开启。

填空：移去______，开启______。

南樵：移去防御，开启天性。

1366. 表面笑靥如花，讨好别人；

深处面目狰狞，吓坏自己。

南樵：强求所致，深受其害，苦不堪言。

1367. 为什么眼界不够宽阔？

因为心被欲望遮蔽了。

南樵：利欲熏心者，目光必短浅。

1368. 因为被美好地对待，
所以知道珍惜美好。
南樵：生命影响生命。

1369. 内心被大量的欲望占据了，
就看不到自身有大量的好。
南樵：苛求完美者的境况。

1370. 在症状的后面我看到这样的情形：一是幼年的光环在内部形成一种根深蒂固的特别感；二是严重的自我中心导致一种由己及人的情绪能力的缺失。这二者的根源就在于被宠坏了！

南樵：探索症状形成的根源，你会发观大量被宠坏的经验。

1371. 不是为了比别人走得高，
而是看自己能够走多高。
南樵：自发的动力。

1372. 低落时就低落走过，
上升时且自行奋发。
南樵：自然的方式。

1373. 我们最要防备的，不是别人骗我们，而是我们骗自己。

在我们内部，早就潜伏着一个自欺者，它会独自行骗，也会与外面的骗子里应外合。

南樵：人有一种心理，就叫自欺。

1374. 只管按自己的喜好去做事，即使做不到比别人好，至少做了自己喜欢的事。

南樵：大多数的情况是：因为喜欢做，所以做得好。

1375. 幽默是从跃越于苦难之上的心灵里绽放的自由之花。

南樵：因此，幽默散发着自由的花香。

1376. 一个人缺乏自我确认，就不知道做什么；

一个人缺乏真实与勇气，就什么也不敢做。

这便是心理问题的发源地。

南樵：人生几大要素：确认自己是谁、知道要做什么、有勇气去做。